KEYS TO SUCCESS
OR PERSONAL EFFICIENCY

─没伞的孩子─
要努力奔跑

[美] B.C. 福布斯◎著　王雪静◎译

天地出版社 | TIANDI PRESS

图书在版编目（CIP）数据

没伞的孩子要努力奔跑 /（美）B.C. 福布斯著 . 王
雪静译 . —成都：天地出版社，2018.6
ISBN 978-7-5455-3796-3

Ⅰ . ①没… Ⅱ . ① B…②王… Ⅲ . ①成功心理—通俗
读物 Ⅳ . ① B848.4-49

中国版本图书馆 CIP 数据核字（2018）第 054914 号

没伞的孩子要努力奔跑

MEI SAN DE HAIZI YAO NULI BENPAO

出 品 人	杨　政
著　者	［美］B.C. 福布斯
译　者	王雪静
责任编辑	袁静梅
封面设计	张合涛
电脑制作	乐律文化
责任印制	葛红梅

出版发行	天地出版社
	（成都市槐树街 2 号　邮政编码：610014）
网　址	http://www.tiandiph.com
	http://www. 天地出版社 .com
电子邮箱	tiandicbs@vip.163.com
经　销	新华文轩出版传媒股份有限公司

印　刷	玉田县昊达印刷有限公司
版　次	2018 年 7 月第 1 版
印　次	2018 年 7 月第 1 次印刷
成品尺寸	145mm×210mm　1/32
印　张	9.5
字　数	245 千字
定　价	39.80 元
书　号	ISBN 978-7-5455-3796-3

草根宣言

我的成功取决于我自己。

我的幸福取决于我自己。

我必须自行掌舵。

我必须自行积累财富。

我必须自学成才。

我必须独立思考。

我必须自己做出决定。

我必须为自己的行为承担后果。

我必须用自己的双眼观察。

我必须用自己的双耳聆听。

我必须掌控自己的才能。

我必须解决自己的问题。

我必须构建自己的理想。

我必须主动掌控自己的命运。

我必须自己撰写我的人生故事。

我必须自行树立成功纪念碑。

没有人能够令我丢脸，只有我自己。

没有人能够令我荣耀，只有我自己。

我是个没伞的孩子，我要努力奔跑。

——题记

前言

　　没有人可以给你一把现成的钥匙来打开成功之门。你必须自行配制钥匙，自行找出门锁的密码组合。

　　没有魔法师可以把你推向财富与名望的巅峰。你无法凭借飞机的双翼飞向那里。

　　这条路，通常崎岖坎坷，必须步行前往。你，你自己，必须自行提供动力。你，你自己，必须付出足够的努力。没有人可以除去你肩上的负担。你必须自行向上攀登。

　　成功没有捷径。必须脚踏实地，甚至艰辛地一步一个脚印，走完全程。

　　通过认真阅读本书，真诚渴望得到成功且愿意付出必要代价的人，不会缺少动力、帮助、启发与勇气，因为书中不仅包含了古老的理念与道理，而且还通过汇集现代人类生活中最为成功的典型，详尽而具体地介绍了一些最具影响力的成功人士。

　　书中不仅介绍了这些睿智、成熟的实干家的智慧，而且还列举了他们如何将智慧应用于实践的数百个案例。书中介绍了很多事业如日中天的成功人士的真实趣闻与轶事，我们都在朝着成功而努力，至少，我们都胸怀大志。很多人都是空有满腔抱负，但缺乏实际的努力与奋斗。

　　我并不认为这本书是由我所著。其实，本书的作者是上百位知名的工业领袖、政治家、作家与昔日圣贤。书中的很多素材都直接源自已被公认为业界权威人士的商人。他们真诚希望能够帮助他人有所长进。

虽然没有电梯能够直达成功的巅峰，虽然所有人都要自行向上攀登，但却有一条通向成功的正途——也有很多歧途，但歧途永远无法把攀登者引向所期望的目标。

本书旨在：

一、把读者引入正途。

二、向读者预示前方将会遇到的困难，向读者介绍其他人克服类似困难或更大困难的方法，激励读者勇于面对困难并战胜困难。

三、灌输正确理念，言明哪种品质会取得成功，以便意气风发的青年才俊能够及时鉴别真伪，区分金箔与真金，浮华的表象与真实的本质。

四、有目的地让生活的前期、中期与后期都取得令人满意的快乐结果。

通过研究这些事业有成的人士，我得出了一个令人欣慰的结论，并把这个结论写在了本书的前言部分，希望它能够引导读者的行动。这个结论就是：为了培养某种"成功品质"而付出坚持不懈的努力，能够令其他有益品质的培养变得更加容易。其实，在追求某种美德的同时，通常还能够培养出一些具有同等价值的其他美德。

以培养良好的记忆力为例。无常散漫的习惯对于训练记忆力影响甚大。

通过积极、勤勉、认真、虔诚地专注于培养记忆力，很多坏习惯与有害的行为，都会在不知不觉之中得到改正。

或是以最基本的——但却不常见的——礼貌德行为例。如果不是为了避免轻度或重度地冒犯他人（这些冒犯会令很多人感到内疚不已），你就不可能严格遵守礼貌习惯。礼貌造就了和善、体贴而周到地对待他人——简而言之，就是无私；可以说，自私自利是很多缺点的根源。

总而言之，与在失败之路上漫无目的地堕落相比，在攀登成功之山的过程中，虽然会流汗，会弄伤脚趾，却能够得到更多真正的快乐。如果选择了笔直而充满荣耀的道路，那么最终也会得到令人满意的结果。如果因为懒惰、冷漠或是其他可以避免的不良行为，而坠入了失败的泥沼，那么将会一无所获，只有愧对自己、家人与朋友的耻辱感与悔恨感。

因为我的成功和声誉，我已经成功地培养了很多年轻人，我把我成熟的经验、对人类的了解及其心理应用在日常商务活动之中。很多地区都大胆地把我的这些文章和见解实际应用到当地学校的教学之中，鉴于本书有助于塑造个性，能为众多雄心勃勃的年轻人提供正确的职业指引，于是，我把我的见解和经验汇编出版。

美国《福布斯》杂志创始人

B. C. 福布斯

目录

己的行为举止给他人留下的印象。

Chapter 13 要主动创新 / 109

所有伟大的成功几乎都是主动创新的产物。

Chapter 14 你始终要做到诚信 / 119

在生命中的每个阶段，都能够做到坚守诚信的人，将会免受生活中半数诱惑与罪恶的毒害。偏离诚信的人将会发现一步错步步错。

Chapter 15 健康是勇气、胆识与成就的基石 / 129

正如军队会把不健康的人拒之门外一样，如今的雇主也会把不健康的雇员拒之门外。

Chapter 16 口才对到达成功的巅峰至关重要 / 139

没有雇主愿意雇佣对俚语情有独钟的雇员，其他人也一样，他们更愿意雇佣那些用词贴切，能够清楚表达思想，且声音和蔼、悦耳的雇员。

Chapter 17 伟大的成就源于投入热情的坚持奋斗 / 149

只有热情奋斗之人才有希望铸出一串合适的钥匙，用正确的方法把它们组合起来打开通往成功的大门。

Chapter 18 信誉是个人和企业的重要资产 / 157

信誉往往和善意紧密联系在一起，它们不仅能为你打开事业成功之门，而且还将亲手为你打开天堂的大门。

Chapter 1
成功取决于你自己

你是自己的缔造者。没有人能够令你丢脸，只有你自己；没有人能够令你荣耀，只有你自己。

1. 成功取决于你自己

你的成功取决于你自己。

你的幸福取决于你自己。

你必须自行掌舵。

你必须自行积累财富。

你必须自学成才。

你必须独立思考。

你必须对得起自己的良心。

你的思想是你的，只能为你所用。

你孤身一人来到这个世界上。

你也将独自走向坟墓。

在生与死的这段旅程中，只有内在的思想陪伴着你。

你必须自己做出决定。

你必须为自己的行为承担后果。

有位著名的医生常对他的患者说："除非你自己注意自己的健康，否则，我无法令你健康。"

你可以改变自己的习惯，可以恢复或破坏自己的健康。

你可以吸收物质与精神方面的东西。

一位布鲁克林的牧师在一个星期日，对他的教区居民说道：

"我无法把这次圣餐的福佑与裨益赐给你们，你们必须自行享用。圣餐已经摆好了，你们自便吧。

"也许你们受邀来参加圣宴，桌上摆好了精选的食物，然而，除非你们享用这些食物，把这些食物消化吸收，否则它们毫无益处。因此，这次圣宴的福佑，你们必须自行获取，我无法将其灌输到你们体内。"

在一生当中，你必须自行吸取。

也许你有老师教导，但你必须自行吸取知识。老师无法把知识灌输到你的头脑之中。

只有你能够控制自己的记忆细胞与脑细胞。

也许，古老的智慧正摆在你的面前，然而，除非你能够汲取这些智慧，否则它们对你毫无帮助；没有人能够把智慧塞入你的头脑之中。

只有你能够移动自己的双腿。

只有你能够使用自己的双臂。

只有你能够使用自己的双手。

只有你能够控制自己的肌肉。

你必须用自己的双脚站立，无论是现实意义上，还是隐喻意义上。

你必须自行迈步前进。

你的父母无法进入你的肌肤，接管你的身心，帮你成事。

你无法为你的孩子战斗，他必须自行战斗。

你必须用自己的双眼观察。

你必须用自己的双耳聆听。

你必须掌控自己的才能。

你必须解决自己的问题。

你必须构建自己的理想。

你必须选择自己的言谈。

你必须控制自己的舌头。

你的真实生活就是你的想法。

你的想法是你自己的产物。

你的性格是你自己的杰作。

只有你能够选择想要汲取的东西。

只有你能够拒绝不适合自己的东西。

你是自身性格的缔造者。

没有人能够令你丢脸，只有你自己。

没有人能够令你荣耀，只有你自己。

你必须主动掌控自己的命运。

你必须自己撰写你的人生故事。

你必须自行树立纪念碑——或是挖掘自己的坟墓。

你会怎么做？

2. 如何培养成功的品质

现代心理学已经推翻了人类与生俱来的某种精神力量，且在有生之年应满足于这些精神力量的古老理论。众所周知，如果手无缚鸡之力，可以通过锻炼来增强手臂力量；如果打字速度慢，可以通过练习来提升速度；如果记忆力差，可以锻炼记忆力。同样的道理，如果我们所采用的方式方法正确，那么还可以培养出其他的个人品质，但是，大部分人却不知如何培养。

其实方法很简单——我们之所以视若无睹，正是因为它们太简单了。在生活与工作中，只要专注于特定的个人品质，以特定的方法加以锻炼，每天几分钟，或是每周几分钟，坚持足够长的时间即可。除非我们专注于要点（也就是需要加以锻炼的地方，以便认清正确的事情），除非我们持之以恒地坚持数周或数月，否则我们不会成功；然而，只要我们做到了，那么毋庸置疑，我们将会取得成功。

我们要想提升个人品质，不能仅靠培养个人的能力，通常还需要有多样化的辅助。例如，我缺乏"个性"，而且差得很远，无论怎么努力弥补，也赶不上我的天赋——出色的分析能力与计划能力。我该怎么办？我自然会找个有个性、但分析能力与组织能力不足的人来做我的搭档，这样，我们两人就组成了一个无懈

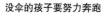

可击的团队。很多人知道自己的弱项，但却坚持承担自己力所不及的责任，这样无疑会失败。

　　这种人错就错在想要做自己无法做到的事情，同样也错在因此而感到挫败，不去做自己力所能及的事情——想办法弥补自己的不足。

3. 实现成功的个人检测

对于很多人而言，自我分析并非易事，然而，它却是分析他人的第一步，这意味着要掌握一种非常有用的方法——把现代心理学应用到实际生活之中。

下面是一张空白的自我检测表格，第一栏列出了各项品质，请你对应检测栏中的各项品质进行检测。

第一栏表示你的强项，你目前经常在商务活动中使用的品质。

相对应的第二栏表示你的自身素质不错，但在当前的商务活动中没有机会使用。

相对应的第三栏表示你不确定的品质。

在双划线之后，我们将会检测弱项的品质。第一栏表示非常弱项的品质，而该品质需要在当前或日后的商务活动中使用。

双划线之后的第二栏表示虽然该品质是你的弱项，但在当前或日后的商务活动中无关紧要。

双划线之后的第三栏表示你怀疑是弱项但却不确定的品质。

在之前的检测完毕之后，进入三划线之后的三个栏，这三栏表示检测结果——第一栏表示你确信还不错的品质，或是经过改进之后，令你感到满意的品质；第二栏表示你仍在改进的品质；第三栏表示你已经找到需要改进的品质。

个人成功检测表

	强	未使用	?		弱	不重要	?		满意	改进中	补足
思考											
自学											
理想											
工作											
节俭											
机会											
克己											
坚韧											
乐观											
团队合作											
礼貌											
主动											
创新											
诚信											
健康											
语言											
热情											
信誉											
意志力											
自尊											
判断力											
朋友											
勇气											
自立											
服务											
忠诚											
记忆力											
休闲消遣											
个性											
基础											

Chapter 2
成功的基础是思考加行动

占据高位的人，不是那些不假思索的人，而是那些有思想并能把思想付诸实践的人。

1. 思考是发展之母

伍尔沃斯大厦（Woolworth Building）曾经只是个构想。几千年前，一位埃及法老突发奇想，结果，自那以后的一代代人都目睹了这个想法的实现——金字塔。

思想是发展之母。思想创造了一切。万物都源自思想。这种力量——思想的力量将人类与其他动物区别开来。

在这个世界上，不朽之人就是那些思想较之同伴更加深远、更加绝妙之人。

最近，我曾向美国最有名的国际银行家之一的奥托·H.卡恩（Otto H.Kahn）讨教，年轻人要想取得成功，最重要的是什么？

他有力地回答说："思考！"

哈里曼（Harriman）喜欢搞突击检查，喜欢看到管理者躺在椅子上，双脚跷在桌子上，"我知道此时他是在思考问题。"这位铁路奇才说道。

烟草大亨詹姆士·B.杜克（James B. Duke），在很大程度上，把他的崛起归功于年轻时涌现出的一个想法。他问自己："我为什么不模仿石油大亨约翰·D.洛克菲勒（John D. Rockefeller）的做法，在烟草行业大展宏图？"他对我说："那时，我便开始行动了。"

注意这句话：

"我开始行动了。"

亨利·福特（Henry Ford）说："我建议商人们要多读、多想、多做。

"我就是这样起家的。我一直在思考，现在仍在思考。分析的习惯、透过表象看实质的能力，能够赋予人们很大的优势，使其战胜没有照做的竞争对手。"

亨利·L.多赫尔蒂（Henry L. Doherty）曾在一次由本机构开办的引人注目的工程课上受到了深刻的启发："孩子们，你们知道，我们总是学得太多，想得太少。要培养思考的能力，要不断地思考。很多人饱读诗书，但却不知道该如何使用。"

正如人类社会单元并不仅是一个男人或一个女人，而是一个男人加一个女人，因此，成功的基础并不仅是思考或行动，而是思考加行动。

发明家是出了名的松懈，正是由于这个原因，很多人都无法取得成功，他们在涌现出一个绝妙的想法之后，不能采取行动，没有坚持行动——换句话讲，不能通过实践深化想法，并从发展与实际应用中获利。

爱迪生既思考亦行动。正因如此，他才技压群雄，成为历史上最成功的发明家。在他的重要发明之中，只有留声机是首次实验就取得了成功。有些发明实验了数千次，其中一项甚至试验了5万次！

世界上最伟大的雕塑曾经只是个想法而已；后来，该想法实践在坚硬的大理石巨砾上，最终成就了不朽的"米洛的维纳斯"。

如今，拥有 30 万雇员、20 亿美元资产的美国钢铁公司，曾经也只是个想法而已，这个想法的持有者是一个名为查尔斯· M. 施瓦布（Charles M. Schwab）的年轻人，他不仅酝酿了这个想法，而且还采取行动，把这个想法付诸实践。

占据高位的人，不是那些不假思索的人，而是那些有思想并能把思想付诸实践的人。

基奇纳（Kitchener）曾经构想出一个由 300 万人组成的军队，而当时的英国甚至从未有过超出 50 万人的军队。他的想法拯救了英国和法国。

随着人类文明的进步，思想对于成功而言将会日益重要。事实上，所有任务不需要人类思想，那是因为由机器执行的时代正在来临。

为了超越机器的水平，人类必须开发思维的力量。成为思想者，学会提出实用而有价值的想法与主意，即使是由一千个爱迪生发明的机器也无法替代你。

无论对于国家还是个人，经验法则不再足够。必须通过思考产生新的模式，必须努力、认真、持续、头脑清晰地思考。

几个世纪以来，人类一直在找寻点金石。你可以找到点金石——它在你的思想之中。

是什么使我们实现了美欧通话？无论是有线通话，还是无线通话？

是什么使我们拥有了令人惊叹的天文科学？是什么使我们拥

有了称量地球的设备？是什么带来了让人类能够像雄鹰一般翱翔的机器？

想法——思想。

一旦和平来临，在思想者的面前，将会展现出大好的机会！我们老式的经济体系、工业体系与金融体系正在世界战争的重压之下嘎吱作响。

谁将会推出更新更好的体系？谁将会引领建设新秩序？思想者，锻炼并培养思想之人，思考、思考、再思考之人，已经开拓了想法并找到了点金石之人。

明日战争的胜利者将会是那些能够驾驭思想与行动之人。从办公室职员到政治家，成功将会属于那些有效开动大脑，深刻、认真、努力思考之人，为自己烙上思想者烙印之人。

除非你付诸全力，时刻高于机械的水平，否则与从前相比，未来的你将会更加难以取得成功，因为那时的机器能够全面完成人类的工作。

有句老话说："人类是自身所有想法的集合。"一个人的真正价值在于品质、价值、想法与思想。真正的财富是内在拥有的财富。如果不经过努力，不勤于动脑，不辛勤刻苦，那么思想财富将无法聚集，无法获取。

如果成功的钥匙主要有两把——思考与行动。第一把就是：思考！

2. 如何培养思考能力

做大事之人是思考之人。你也是其中之一吗？你是否系统性地培养过思考习惯？要坦诚地面对自己——绝对坦诚。不要自欺欺人。

如果你想要学习有效思考，首先你必须独处至少半个小时——要独自一人，没有打扰。

集结成群的人们从不思考。人们一旦集结成群，就会受控于动物的本能，这种本能与严格要求孤身一人的思考原则背道而驰。人必须独处。

有人在早上头脑清晰，有人在晚上头脑清晰。哪种是你的习惯？

先把这点确定下来。如果你是只早起的鸟，可以在早餐前出外散步半小时，如果你能走入乡村、进入森林或是来到湖边，那么你会拥有理想的思考环境。

B. C. 福布斯最喜欢早晨，然而，由于受条件所限，他无法如自己所愿那样，走进森林之中。他会比别人早起至少一个小时，并绕着房屋散步，长久以来，他在日复一日的晨练过程中，思考着当天的事情。

妻子说她怎么也搞不明白他洗漱为什么会用这么长的时

间——然而，她不知道他是在思考。

如果你是老板，那么你可以说："我今天下午不回来了。"然后去公园或乡村度过一个充实的下午，用于思考。如果你是雇员，那么我建议你直接去找你的老板，坦率地告诉他，你需要独自一人思考一些事情，看看是否能够拥有一个小空间，把自己关在里面，在不受外界打扰的情况下，思考至少一个小时的时间。

然而，你应该思考什么呢？

当然是目前你生命中最重要的事情。然而，无论你开始思考什么，一定要有始有终，直到你得出令自己满意的正确结论，得出谜题的真解或是一些解题步骤。

现在，拿出纸和笔，把你认为应当思考并做出决定的几件事情写下来。

然后按照轻重缓急，为这些事情编上序号——第一，当前最重要的事情，或是最大、最紧要的事情；第二，紧随其后的事情，以此类推。

你认为思考列表上的第一个问题，并得出结论需要多长时间？

看看自己是否能够按计划完成任务，并继续攻克下一个问题。

你要如何检测自己的思考结果？

当然是组织朋友"开会"或是组织一个"专家组"，就好像公司的董事会一般。

当然，你必须列出你的思考大纲，并把这份大纲拿给判断力最佳的人选。询问朋友这份大纲有何动人之处。然后，再把这份大纲拿给另一位朋友。如果有两三个人认同你，那么你很可能得出了正确的结论。

一次把一个思考任务分派给两三个人，是不会有结果的。一人思考，然后由小组成员分析思考结果。小组成员通常会向思考者提出反馈，使其能够不断地深入思考。你必须做好多次反复思考的准备。这是一种科学的方法——思考、检测、再思考，这样逐步地向真理靠近。

这是你的思考习惯吗？

你正在训练自己成为思想者吗？

有什么不马上开始的理由吗？

没有？那么开始吧！

Chapter 3
教育是通向成功的 "原配钥匙"

教育对头脑的作用就好比食物对身体的作用一般。如果头脑得不到新鲜的知识供给，那就好比身体得不到新鲜的食物一般，将会无法维系身体健康并蓬勃地发展。

1. 教育能够培养出能力，
   而能力则意味着优势

　　教育不仅是通向成功的"其中一把"钥匙，而且是通向成功的"原配钥匙"。

　　没有受过教育的人，没有文化的人算不上真正的成功，因为真正的成功不是由金钱构成的，而是由心智构成的；成功是内在的事情，而非外在的事情。

　　教育既是迈向终点的手段，又是终点。

　　如果不接受教育，没有人抵达成功的顶峰。

　　然而，教育并不是由学校知识组成的。

　　教育是我们所知所学的总和。

　　我们的教育源自——或者说应该源自——我们的日常生活经验。

　　与其说教育是汗水与努力，不如说教育就是观察。

　　书籍构建了教育的基础。如果没有正确的引导，刻苦的阅读，那么几乎没有人能够奢望成为有文化、有知识的人。

　　然而，并非所有的智慧都包含在书中。

　　我们可以从形形色色的日常生活中学习，从男女老幼的身上学习，从周围发生的事情中学习，从所见所闻中学习。

　　自学可以成为最好的习惯之一，自学无疑是所有习惯中最能够令人获益的。

　　教育—知识，意味着力量。教育能够培养出能力，而能力则意味着优势。

　　记录显示：我们所介绍的一半成功人士都没有接受过大学教育，其中有很多人甚至没有完成基础教育课程。

　　安德鲁·卡内基（Andrew Carnegie）在 10 岁时就退学了。

　　马萨诸塞州州长兼全球最大的鞋子制造商，威廉·L. 道格拉斯（William L. Douglas）几乎没有接受过学校教育。

　　太平洋海岸的名人罗伯特·杜勒（Robert Dollar），木料国王兼汽轮公司所有者，12 岁就退学了，并被流放到远离人类文明的偏远的加拿大木料场，在那里，他曾一度无法阅读或写作；但如今，他却成为有名的公共演说家，也是知名著作《回忆录》的作者。

　　烟草大亨詹姆士·B. 杜克（James B. Duck）的学龄很短。

　　爱迪生大约在 7 岁时就被学校开除了，原因是老师认为他太笨了，不适合学习！

　　柯达创始人乔治·伊斯门（George Eastman）、全球最大的硬件商 E. C. 西蒙斯（E. C. Simmons）、亨利·福特、全球最大的零售商 F. W. 伍尔沃斯（F. W. Woolworth）、煤炭与钢铁巨鳄亨利·C. 弗里克（Henry C.Frick）、马歇尔菲尔德公司董事长约翰·G. 晒德（John G. Shedd）、史上最大的工业组织——美国钢铁公司首脑詹姆士·A. 法雷尔（James A.Farrell）、著名包装者托马斯·E. 威尔逊（Thomas E. Wilson）——这些人与其他很多成功人士，所受过的学校教育都很有限。

然而，其中大部分人都成为有文化的人、学识广博之人、心智卓越之人、观察敏锐之人、判断准确之人、通晓人类本性与商业之人。

安德鲁·卡内基甚至在毕业之后，还请了位家庭教师前往第五大道的宅邸授课。

结合《华尔街日报》刊载的一系列介绍"行业领袖特点"的文章，讨论有关教育的主题，我注意到：无论一个人在年幼时所接受的学校教育多么贫乏，如果他不能成为有文化之人，学识广博之人，判断准确之人，人性的学习者，那么他很难成为行业领袖。大部分金融领袖与商务领袖都会努力通晓历史，尤其是世界上最为有名的成功人士的传记。（我发现拿破仑是他们最喜欢的学习榜样。）

"即便是最为繁忙的金融家与行业领袖，也会抽时间博览群书。其中有些人，包括金融家奥托·H. 卡恩与行业领袖丹尼尔·古根海姆（Daniel Guggenheim），都有在每晚睡觉之前，阅读至少一个小时的铁定原则，无论多晚都雷打不动。

"就在前几天，我碰到了在巴尔的摩和俄亥俄鼎鼎大名的铁路大亨丹尼尔·威拉德（Daniel Willard），我发现他正在研读一本高深的法语图书——他刚换完班，在西行的这段路上，他整晚都睡在动力车厢内，以便能够每晚起来两三次，用木材加火，以防火车头冻结。

　　"国民城市银行行长弗兰克·A. 范德利普（Frank A. Vanderlip）有一套针对年轻人的教育理论，这套理论为很多有名的成功人士所推崇。

　　"范德利普先生说：'年轻人每天除了要完成办公桌或办公椅上的工作之外，还要从中再挤出一点时间，研究所做的工作或专业，以便能够更好地理解自己所做的一切的意义，这样做的原因和理由，以及潜藏的规则，从而武装自己，升华到新的高度'。

　　"在父母供养之下，完成大学学业的美国年轻人，很少能够爬到梯子的顶端，对此，我感到大惑不解。也许我应该说，站在梯子顶端的很多人都是自食其力地念完了大学。俗话说：'没有付出，就没有回报'。这一真理同样适用于大学教育。那些辛勤努力，自食其力地支付了学费的学子们能够从中获得最大的收益。他们聪明睿智，能够最大限度地利用各种机会。同时，这也教会了他们勤俭。

　　"纽约人寿保险公司总裁达尔文·P. 金斯利（Darwin P. Kingsley）用 165 美元读完了整个大学学业；他的学费是通过帮学校摇铃赚来的。

　　"他曾对我说：'这个经验使我深刻理解了守时的重要性，我可以肯定地说，在我的有生之年，我从未迟到过。'范德利普的大学学业用了 205 美元，他的生活非常节俭。

　　"然而，正如之前一再说明的那样，大学教育并不是取得巨大的商业成功所必需的。你是否认真思考过：在美国取得了巨大商业成就之人，几乎都没有大学毕业？

"约翰·D. 洛克菲勒甚至连高中都没有毕业。哈里曼与詹姆士·J. 希尔（James J. Hill）既不是文学学士，也不是文学硕士。当今的美国银行财长乔治·F. 贝克（George F. Baker）也不是大学生。我想约翰·D. 洛克菲勒的所有合作伙伴也无一是大学毕业，包括即将接管 A.C. 贝德福德标准石油的首席继承人。"

不过，我要重申一遍，无论年轻时所受的教育是多是寡，我所见过的每一位成功人士都有一个明显的特征，他们不会懒散地虚度人生，不会眼不见，耳不闻，而是不断地磨炼着自己的心智，想要发挥最大的潜能。

对于年轻人而言，最重要的是：首先，认清教育的价值，而后，努力、主动、不断地培养自学习惯。

教育对头脑的作用就好比食物对身体的作用一般。如果头脑得不到新鲜的知识供给，那么就好比身体得不到新鲜的食物供给一般，将会无法维系身体健康并蓬勃地发展。

思想可以被训练得如同磁铁一般，吸引真铁，忽略渣滓。

必须锻炼思想吸收实用而有价值的信息，忽略无用的信息。

教育其实就是一种选择——选择我们感兴趣的东西，选择如何分配时间，选择可以增长知识、智慧与力量的东西，或是相反的东西。

当今的竞争是如此激烈，只有见多识广的人才有机会脱颖而出。

任何公司，任何机构，都不会雇佣不学无术的人来掌管重要职位。

"安迪这个年轻人，对工厂的了解不次于我。"年轻的查尔斯·施瓦布就是这样被老板介绍给了安德鲁·卡内基，就这样施瓦布开始了步步高升——凭借他的知识，凭借他对钢材生产相关知识的学习。

年轻人不要因为自己所受的学校教育贫乏而感到沮丧。我认识一位女士，她在近 70 岁之时才开始学习希腊语；她之所以学习希腊语，是为了能够阅读原版的《圣经·新约》。

改变粗心、懒散的习惯，转而刻苦学习，这一过程需要付出努力，需要严格的自律，需要痛苦的克己。然而，不久之后，好习惯带来的欢娱将会不可限量，彻底胜过坏习惯带来的表象欢娱。

当如今的成功人士还年轻的时候，自学条件十分落后。

今天，不仅条件齐全，而且还有各方面的因素。

当你翻开杂志或报纸的时候，一定会看到这样或那样的教育课程广告。

也许，最有帮助、最实用的课程是由领军的函授学校或学院推介的课程，正如有些一流学府所宣称的那样。

例如，有所不错的学院推出了一个商务课程，据我所知，该课程令数千位年轻人与雄心勃勃的中年商人与管理者们受益匪浅。

此外，还有法律课程——值得注意的是很多人发现学习法律知识，对于帮助他们应对日常生活中的问题大有帮助。

当然还有会计类的课程——很多人正是因为懂得记账的基本原则而获得提升的。

如果明智地选择了英语课程，也会物有所值。

简而言之，对于一般的美国年轻人而言，只要他们有学习的意愿，那么任何自学需求都是可以得到满足的。

自学主要包括阅读、观察、交谈与反思。

托马斯·利普顿爵士（Thomas Lipton）说："知识是一种复合体，是我们从书中获取的精华，是我们通过观察，从周围世界汲取的精华。这两样都是学识广博者所必需的；在二者当中，显然是后者更为符合生活的实用性目的。只有能够把书中内容与观察生活紧密结合的人，才无愧于学识渊博的名号，才是我们学习的榜样。"

诚然，在很多家庭中，安静读书、学习与反思的条件还差得很远。

然而，只要处在这种恶劣环境中的年轻人愿意，他们可以想办法克服困难，比如，去公共图书馆，读夜校，成为相应俱乐部的会员，或是与家庭环境同样不济的朋友结伴学习。"有志者事竟成。"

通过比一般人更加努力地学习，通过让思想专注于有用的主题，你不仅能够获得更加丰厚的经济回报，不仅能够占据高位，拥有更大的权力与影响力，还能为自己积累财富——"既不会被虫子咬坏，也不会让财富生锈腐蚀"。这些财富在你日后的生活中，将会变成无价之宝，当一个人无法满足于金钱可以买到的东西时，必须从内在找寻欢娱、满足与快乐，而不是从外在的生活中找寻。

人老之后，百万金钱毫无用处；只有思想能够产生巨大的价值。

《福布斯杂志》的箴言是："在你得到一切的同时，得到感悟。"自学将会使你得到更多东西，也会得到"感悟"。

2. 如何计划并开展自学课程

　　自学的主要方法是分类阅读。有些人每天都要在谈生意的旅途中耗费一两个小时的时间，这是他们进行分类阅读的大好机会。他们能够很快适应人群嘈杂的环境，完全忘却自我。我们现在就来设计一个有趣的阅读计划。

　　传记。在传记之中，所有人都应读一下——《林肯传》《华盛顿传》《富兰克林传》（自传）、《爱迪生传》《拿破仑传》《亚历山大大帝传》，以此作为开头。《美国缔造者》（B. C. 福布斯出版公司）刊载了短小精悍但引人入胜的五十位金融商务领军人的传记。在这些传记中，你已经读过了哪些？接下来你打算读哪一本？

　　科技。丁铎尔（Tyndall）、赫胥黎（Huxley）、斯宾塞（Spencer）的著作，以及简单的《科技启蒙》（Science Primers）系列——化学、物理学、生物学、卫生保健学、植物学、地理学、矿物学、经济学、社会学以及现代心理学。在这些领域之中，你了解哪些知识？你打算选择哪个学科入手？虽然你不能非常深入地了解这些学科，但至少应该略有所知，你将会从中汲取现代科学方法的理念，而这些方法理念正是应该用于一切商务问题学习的方法。

历史。你是否泛读过美国历史——超越了浅薄的学校教程的历史？我推荐《美国政治家》系列。由卡尔·舒尔茨（Carl Schurz）所著的《亨利·克莱的一生》介绍了内战之前的五十年时间，这是一本非常好的著作。再比如帕克曼（Parkman）的《俄勒冈之路》，介绍了西北的开放历程。马特利（Motley）的《荷兰共和国的崛起》是对欧洲的有趣研究，美国人对此将会格外感兴趣。所有美国人都应该熟悉普雷斯科特（Prescott）的美式浪漫史《皮萨罗》，以及其他的墨西哥史与秘鲁史。本书的汇编作者非常喜欢 J. A. 西蒙兹（J. A.Symonds）的《意大利复兴史》。说到通史，基佐（Guizot）的《文明史》很不错。说到英国历史，格林（Green）的《英国人民简史》是一本经典之作。在这些著作之中，你已经读过了哪些？你打算选择从哪本著作入手？

文学。你是否读过莎士比亚的《威尼斯商人》《哈姆雷特》《尤里乌斯·恺撒》《暴风雨》《驯悍记》《无事生非》《仲夏夜之梦》《奥赛罗》《李尔王》？你是否读过以下小说名著——斯科特的（Scott）《艾文豪》，狄更斯（Dickens）的《大卫·科波菲尔》《匹克威克外传》《双城记》，萨克雷（Thackeray）的《名利场》，雨果（Hugo）的《悲惨世界》，大仲马（Dumas）的《三个火枪手》，巴尔扎克（Balzac）的《乡村医生》《恺撒·布鲁托》《欧也妮·葛朗台》；美国作家有：坡（Poe）的短篇小说《金甲虫》《窃信案》《莫格街凶杀案》，霍索恩（Hawthorne）的《故事重述》《古宅青苔》《红字》，库珀

（Cooper）的《最后的莫希干人》《杀鹿人》《草原》，欧文（Irving）的杰作《见闻札记》与《阿尔罕伯拉宫》。爱好诗歌之人，也可以阅读诗歌。在这些著作之中，你已经读过了哪些？你接下来打算读哪一本？现在做出决定。

基础教育。拼写、标点、语法与用词是你的薄弱环节吗？算数呢？地理呢？如果条件允许，可以去上基础的函授课程，也可以找私人教师辅导你。由始至终，都要以实践的方式学习，通过一遍遍地重复练习，纠正坏习惯，直到正确掌握为止。对于以上问题，光靠阅读是不够的，只有通过实践练习，才能纠正坏习惯。大部分学校课程都很肤浅，你可以去搜寻一位好老师。对于以上这些问题，你打算从何入手？现在做出决定。

技术教育。最后，你需要学习自身行业的相关技术，有个现象很奇怪，很多人都不了解自身行业的最新发展情况。为了了解情况，首先，可以去图书馆找一些好的技术书籍——可以听取图书管理员的建议，也可以从技术学院的优秀教授那里获取建议，要选取紧跟时代的书籍。你是否已经读过一本近期的技术书籍？如果你读过一本，就会接二连三地读很多本。我们再来看看有什么可供你选择的技术夜校。如果你对此毫无所知，可以选上不错的技术类函授课程。

虽然这个大纲非常笼统，但却能够令你检视自己当前的实际教育情况，让你明白自己的薄弱之处。最好的做法是每天至少系统地学习一个小时的时间。几年之后，你将会诧异于自己心智的发展与学识的增长。

教育对头脑的作用就好比食物对身体的作用一般。如果头脑得不到新鲜的知识供给，那就好比身体得不到新鲜的食物一般，将会无法维系身体健康并蓬勃地发展。

Chapter 4
成功的商业理念必须有理想的光环

要想成为真正伟大的实干家，必须先成为理想家，必须先找到前方闪亮的指路明灯，找到坚实的理想，并朝着理想坚韧、勇敢、稳步地前进。

1. 理想是人类所知的最强大的力量

理想是人类所知的最强大的力量。

理想比举着旗帜的军队更为强大。

理想可以创造军队——创造出比恺撒军更加强大的军队，以及他旗下的所有贵族将领，正如美国现在向世界所宣称的那样。

一件东西，只有一件东西，能够强大到足以让美国走出长期的和平，陷入战火之中——理想主义，理想。

美国的每一场战争都因为理想而爆发，通常是追求自由的理想。这种理想引发了 1776 年的战争与 1861 年的战争：一场战争是人民为了自身的自由而战；另一场战争则是为了种族自由而战。西班牙战争为新世界的人民带来了自由，推翻了一直压迫着他们的腐败的旧世界势力。

这次世界大战是怎样的战争？是追求理想的战争，是追求自由的战争，不仅仅是一个人的自由，一个种族的自由、一个民族的自由，而是全人类的自由，甚至还包括我们如今的敌人。

美国开始意识到普鲁士军国主义的胜利意味着理想的放逐，意味着专制野蛮强权的复辟，意味着联军所珍惜的一切，所代表的一切，流血、战争所保卫的一切，以及一切的一切都将付之东流。不要忘记德国皇帝曾怨毒地向大使杰勒德（Gerard）公然宣称：一旦他征服欧洲，他将会把美国践踏在他的铁蹄之下。

普鲁士的理想是强权，"强大的剑"是独裁政治。

美国的理想是权利、自由与民主。

由于我们的理想衍生于正义，因此，它必然会取得胜利。

随着伟大理想的堕落，国家的伟大亦不会长久。

国家如此，个人也是如此。

低劣的理想与崇高的地位永远无法长久共存。

在政务界、金融界、工业界、商业界中，从未见过，也从未要求过，像今天这样崇高的理想。

如今，取得巨大成功的商业理念必须体现并渗透着理想。

"$"标志不再是"至高无上"的。赚钱与服务分不开；应该说赚钱与服务密切相关。

商行、机构、公司、企业所拥有的最高理想是：被公认为当今业界最为成功的典范。

高管也一样：那些炙手可热的高管们，那些对薪资待遇要求很高的高管们，都是给大众留下了深刻印象之人，他们公正、严明、有个性。

如今，教授企业如何钻法律漏洞的律师，已经没有什么市场了；教授企业如何奉公守法才能得到更多的报酬。

在商界，光靠聪明才智是行不通的。那些有想法的人，如果不能做到想法与理想相一致，那么也是不受欢迎的。

理想与行为应当表里如一。

我们所有人必须有理想，除非我们满足于随波逐流、没有抱负、没有效能。要激发理想，要让理想充满活力。

我们必须明确前方的理想，然后向着理想，奋发前进，就如同掌舵靠岸的船长一般。

没有理想，就好比航行时没有航海图，就好比行走在未知的、没有护栏的道路上，我们总是处在跌倒或迷路的险境之中。

理想能够照亮生命的旅程，就如同"指路的明灯"一般。

没有理想的生活就如同没有星星的黑色天空一般。

理想对我们而言，就如同"白天的云柱与黑夜的火柱"一般，可以引导我们前往希望的港湾，就如同云柱与火柱引导摩西走向了应许之地一般。

理想可以让我们蒸蒸日上。生命中的理想就如同充气轮胎中的空气，飞船的燃料，飞机的翅膀。

理想使我们能够把贵金属从碎屑中分离出来，把钻石从尘埃中分离出来。

没有理想的人就如同没有主发条的钟表一般。

有理想的人，无论付出多大代价也不放弃或玷污理想的人，他的内心、精神与灵魂永远都不会感到贫穷，永远都不会感到枯竭。他会洋溢着富足感，而那些为富不仁的大富豪，无论赚取了多少钱，都无法得到这种富足感。

你也许多次读到过：在联盟前线阵亡的人们的脸上，总是闪耀着平静与满足的光辉，这种光辉远胜于一抹微笑——正如一个通讯员所描述的那样，这是"一种无上的荣耀"。这说明，我们的士兵与我们的联盟士兵具有崇高的精神，他们正在为光荣而战，为光荣而亡，耶稣也是因为同样的原因，献出了自己的生命，这种精神在生活、战斗与死亡的过程中，一直激励着他们，难道不是这样吗？

是什么使伍德罗·威尔逊（Woodrow Wilson）远胜于其他政治家？是什么使他赢得了世界上每一个自由民族的感激与尊敬？

并不是因为他做出了抗击德国的决定；并不是因为他在就任美国海陆军总司令时所取得的成绩，尽管他确实取得了骄人的战绩。

伍德罗·威尔逊之所以成了人们所尊敬的伟人，是因为比其他政治家更为优秀的他，说出了联盟国家为之而战的理想。

理想家威尔逊要比总统威尔逊伟大得多。

他的言论，他的话语，具有集结军力的力量。联盟军力被快速集结、强化，任何武器装备的扩充都无法达到这种效果；与此同时，这些言论也挫败、弱化、瓦解了敌军的士气，任何大炮、步枪或战斗机都无法达到这种效果。

理想不是空想、虚幻、不切实际的东西。

理想家不是无所事事的梦想家。

其实，要想成为真正伟大的实干家，必须先成为理想家，必须先找到前方闪亮的指路明灯，找到坚实的理想，并朝着理想坚韧、勇敢、稳步地前进。

与昨天的世界相比，在明天的世界中，理想的作用将会更为重要，更为关键，更为实际。

开战是为了追求理想。

和平将会使这些理想实现。

国家的理想就是个人理想的体现，就是个人理想的综合体现。

你会帮助联邦建立什么标准？这个标准同时也是全球所有其他国家应该设立的标准。

你们的理想与你们所追寻的那些伟人的理想一致吗？我们付出的代价值得吗？

2. 如何培养崇高的理想

　　有理想之人与缺乏理想之人的区别在于：有些人通过自己的所见、所知与双手能够触及的东西来引导生活；有些人充满了梦想，通过还未成真的梦想，或是永远无法成真的梦想来引导生活。这种区别还在于：有些人把自己的心智禁锢在四面墙之中；有些人站在造物主创造的无边无际的天空下，眺望着远方的地平线——也就是说有些人的眼睛从未离开过身边的物质世界；有些人总是能看到视力范围之外，即使他知道自己永远无法抵达隐约见到的遥远国度。

　　你看到的是什么——手中的美元与金钱还是内心的地平线？也可以换一种表达方式，你的双眼能够看得多高？如果你在行走的时候，总是向下望，那么你只能看到脚下的大地，你毫无理想。如果你习惯于注视着内心的地平线，也就是你所能看到的最远处，那么你会不时地瞥一眼天空，你正在被理想引导着。从来不看地平线——天地交接的地方，总是凝望天空的人，是梦想家——他的目标虚无缥缈。总是凝望地平线的人，心怀美国人应有的正常的神秘主义色彩，会过着包容整个世界的宽广而博大的生活。他会把自己看作是宇宙的一部分，他会扮演好自己作为公民的角色，会对美国联邦的所有其他人负责，乃至对其他与美国交好的国家的人民负责。随着世界大战的爆发，美国大大拓展了自己内心的地平线，她发现自己应担负起重任，她开始大肆出资，甚至不知道这些钱能否收得回来。世人曾说：美元流通的范围就是美国地平线的界限，美国国民有一点"小气"，他们不如英国人、法国人那样慷慨。比如说，出钱出力为世界自由而战。然而，当时机真正成熟之时，美国人民隐忍的理想觉醒了，一下子超越了全世界。20世纪是理想的世纪，如果你的理想不够远大，那么你该觉醒了，变成拥有远大理想之人。

我们以你为例说明这个问题。

你会如何对待自己的勤杂工、速记员、记账员？你给他们的待遇是否超出了他们当前的价值？还是说你正洋洋自得，因为你支付给他们的报酬低于他们的价值？要知道你付出的少，得到的会更少；付出的多，得到的会更多。正如当亨利·福特提出加薪，实行5美元一天的最低工资制度以后，其盈利达到了工资增幅的数倍，当时，福特股东道格兄弟说感觉好像是"他把手伸进他们的口袋之中，掏出了上百万美元一般。"长远来看，要想赢得商业游戏的胜利，这是最好的办法——如果你下定决心要从游戏中获得最大的利益，那么这个游戏迟早会找上你。

然而，商业以外的理想又如何呢？你每月会腾出一些时间，投入到公共服务事业中，履行公民应尽的一份责任吗？也许你会说，我为什么要毫无所求地付出这么多？这些事留给那些毫无所求的人去做吧？然而，他们并非一无所获。他们得到了任何人都可以得到的极大的欢娱与满足。如果你没有体会过为公众服务带来的欢娱感，那么立刻出门，前往你所在居住区的福利机构，看看自己能为公众做点什么好事：你将会比孔雀更为自己感到骄傲，你将会成为拥有美式服务理想的美国人。

要想成为真正伟大的实干家，必须先成为理想家，必须先找到前方闪亮的指路明灯，找到坚实的理想，并朝着理想坚韧、勇敢、稳步地前进。

Chapter 5
勤奋工作是好运之母

勤奋工作是好运之母。在游手好闲之徒安于享乐的时候，你却在地里辛勤耕耘，这会使你获得丰厚的果实。工作时要好像你能活一百年，祈祷时要好像你会死于明天。

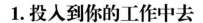

1. 投入到你的工作中去

我是所有商业的基础。

我是一切繁荣的根源。

我是天才之母。

我是让生活有滋有味的咸盐。

我是穷人的唯一支柱。

富人没有我会退化、憔悴、提早进入坟墓。

我是原始的诅咒，也是原始的祝福，没有我，任何健康之人都不会快乐。

重视我的国家会蒸蒸日上，无视我的国家会自取灭亡。

我成就了今天的美国。我令美国的工业无可匹敌，我令她开采出丰富的矿藏，为她铺设了盖世无双的铁路，帮她建起了一座座城市，一座座摩天大厦。

我是美国各行各业的奠基人。

我独自任贤举能，使他们地位显赫。

我是每一位有志青年的朋友兼向导。如果他重视我，任何奖赏与地位都唾手可得。如果他轻视我，便无法得到令人羡慕的结局。

我是通往成功乐土的唯一阶梯。

有时，人们会诅咒我，把我看作是仇敌，但是，如果没有我，生活将会变得苦涩、盲目且毫无意义。

人们先要爱戴我，才会得到我的祝福，才会得到至高的成就。爱戴我，你的生活会甜美、明确而且硕果累累。

愚笨之人厌恶我；睿智之人喜欢我。

在各大铁路系统、工业组织、商业部门、学习机构中，赢得头把交椅的巨鳄们，几乎无一例外，都是因为我，才取得了今天的成就。

我能够令家族昌盛繁荣，更能够升华年轻人。

我是万物的支柱，我间接地支撑着一切。

我是所有资本的创造者。

财富是由我积聚起来的。

我体现在烤炉里的每一片面包之中，横跨大陆的每一列火车之中，穿越海洋的每一艘轮船之中，出版的每一份报纸之中。

我有时会过度——为了雄心壮志而自愿过度，迫于压力而被迫过度，由于年轻力壮而不小心过度。

不过，恰当地讲，我是健康之人的氧气。有些常伴我左右的人对我感到厌恶，不过一旦离开我，很快就会感到坐立不安。

人群之中，我的追随者每年都会变得越来越强。他们开始控制政府，推翻不合时宜的王朝。

我是民主主义之母。

一切进步都是我带来的。

与我为敌的人走不了多远——就会原地不动了。

与我为友的人，不惧怕我的人，能够继续前进——不知会走多远。

我是谁？

我是什么？

我是工作。

下面是一些成功人士所说的工作方面的醒世箴言：

托马斯·利普顿爵士（Thomas Lipton）说："辛勤工作是成功必不可少的要素。我总是觉得自己无法让年轻人深刻认识到这一点。一个人必须全心全意地投入到工作之中。首先，他必须勤奋，如果有必要的话，要愿意为工作付出全部时间。正直是必不可少的，这点不言而喻，如果你想要取得巨大的成功，必须做到己所不欲，勿施于人。如果你做不到，那么别人无疑会以牙还牙，而这一定是你不想见到的。如果年轻人能够遵循这些法则，那么他们将会进展顺利；然而，能够做到的人很少。"

查尔斯·M.施瓦布说："那些总说自己'怀才不遇'的人缺少一些东西。他所缺少的东西代表着成功，如果你看得够远，那么你会发现一种叫作辛勤工作的能力与特质。我唯一的幸运之处在于：我天生具有良好的体力与智力，它们能够胜任最为艰苦的工作。我曾经历过无数的困境与考验。"

罗素·赛奇（Russell Sage）说："我认为工作是提升个人体质的最佳方式，因为工作能够开胃，促进消化吸收。身体不好并不是工作造成的，而是因为酗酒、熬夜、放荡不羁。"

C.刘易斯·艾伦（C. Louis Allen）说："就我的人生观而

言，我也相信，是辛勤工作成就了成功人士，而非机会；不过辛勤工作分为两种——一种是千篇一律的盲目辛苦，另一种是向最终目标逐步迈进。人们必须能够胜任各自当前的工作，但辛勤工作与自我分析也是不可或缺的要素。基于对大多数成功人士的分析，我也是不太相信天才的人。"

本杰明·富兰克林（Benjamin Franklin）说："勤奋工作是好运之母。在游手好闲之徒安于享乐的时候，你却在地里辛勤耕耘，这会使你获得丰厚的果实。工作时要好像你能活一百年，祈祷时要好像你会死于明天。"

D. O. 米尔斯（D. O. Mills）说："工作培养了人类的一切优良品质，懒散导致了人类的一切罪恶。工作锐化了人们的能力，使社会昌盛繁荣；懒散令人懒惰，令人挥霍无度。工作常围绕在那些勤奋、正直的人身边，在这样的社会中，弱者会变强，强者会变得更强。而另一方面，懒散通常会令人与堕落为伍，把追求腐败且庸俗的消遣看作是人生的唯一目标。"

欧文· T. 布什（Irving T. Bush）说："每个人在做每一份工作时，应当持有以最少的金钱取得最大效能的想法，同时要把自己当成是将会想出办法的人。"

塞缪尔·冈珀斯（Samuel Gompers）说："我学会了既要思考，又要行动，还要深刻体会工作者宁愿牺牲个人利益，也要实现目标的伟大精神。我已经感受到了手工工作者伟大的奉献精神，我只想对年轻人说——'投身到你的工作中去。'"

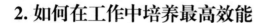

2. 如何在工作中培养最高效能

　　科学管理之父温斯洛·泰勒（Winslow Taylor）博士，在他的著作中介绍了一位往货车上搬运生铁的搬运工。最初的时候，他每天搬运 12 吨。之后通过遵行科学的作息方案，他能够每天搬运 47 吨，却不觉得比最初搬运 12 吨时更疲惫。后来泰勒博士发现，能够成为一流生铁搬运工的人凤毛麟角。那些凤毛麟角之人每天搬运 47 吨生铁，他们日渐繁荣、强盛、快乐，而那些不努力的庸碌之人却很快没落了。

　　你是想要按照预定计划奋发努力，争取做得更多，并因此而繁荣昌盛呢？还是想要甘拜下风，做个庸碌之辈呢？

　　你必须通过认真的比较研究自行解决这个问题，没有人能够替代你，因为这会耗费大量的时间与精力，除了你自己之外，没有人能够付出——你可以仔细认真而彻底地研究这个问题。

　　你会立刻开始研究，排查你所知道的所有情况与条件吗？你会继续搜集更多的信息吗？

　　就你当前的培训与工作而言，你喜欢体力与脑力方面的辛勤工作吗？

　　如果你的工作滞后了，如果你在早晨时感到难以言喻的疲惫，整天都在想晚上何时到来，或是晚上还要多久才能到来，那么最好做个全面的科学体检——尿液、血液、腹腔脏器等，让资深医生对你的身体状况进行分析，确保自己没有患上诸如糖尿病、布莱特氏症（即肾小球肾炎）、心律不齐、初期隐形的肺结核、骨质或是腺体疾病。也许是你的心胸太狭窄。在你读到此处的时候，立刻检查身体状况，当即做出决定，看看是否存在以上这些隐患。

接下来，你需要仔细考虑一下，你在工作中是否最大限度地发挥了身体机能，并从中获得了最大的欢娱与享受。

众所周知，八小时工作制比十小时工作制更有效能，然而，如果仅是六七个小时的体力工作，那么很可能是浪费效能。另一方面，如果是六七个小时的高强度办公室工作，那么任何人都会感到疲倦，而需要精神高度集中的作家或思想家，只要两三个小时就会疲惫不堪了。

你的工作属于哪种性质，你最大的工作效能是多少个小时？如果你不知道，现在开始测试并找出答案。为自己制订一个进行测试的切实计划。

如果你是在给别人打工，那么你也许会说你无法调节自己的工作时间。然而，其实你有很大的把握可以做到。即便你在开工与收工时都要打卡，但在很大程度上，你可以调节中间的这段时间，而且无疑你是按劳取酬。向你的上司解释你会如何安排时间或安排工作，以取得更好的结果。他十有八九会欣然接受你的建议，并与你一起协调你的工作安排，以便你能够感到满意与快乐。

牺牲睡眠时间、运动时间、娱乐时间与用餐时间的人是愚蠢之人——这并不是真正的辛勤工作，而是自以为是的辛勤工作。

要保证所需的睡眠、运动与用餐时间，你会发现，要想保持健康，加班加点并不可行。经常加班并不是辛勤工作，这样只会使你缺少睡眠时间、运动时间、用餐时间及欢娱时间。

我之前从未讲过如何应对懒惰，真正的懒人是不会读到这节内容的。如果你觉得自己懒惰，如果你觉得自己不喜欢工作，不喜欢努力工作，那么请检查一下自己的现状——你的健康与习惯，你的睡眠、娱乐与休闲时间，你安排一天之中的紧张工作与适当放松的方式。

你的不足与错误是什么？找出来，加以解决——现在就是最佳的行动时间。

Chapter 6
存钱是各项商务成功的基础

当机会出现时，必须有把握机会的能力，才能够致富，而这种机会通常需要立即投入一定的储蓄。

1. 你见过因为存钱而感到悔恨的人吗?

储资是各项商务成功的基础。任何企业的建立都离不开金钱。

一无所有的人很难建立起别人对自己的信任,很难从别人那里获得资金或贷款。没有储资能力表明其他能力也有所欠缺。

金融界与商务界地位显赫的成功人士很早以前就开始储资了。

约翰·D. 洛克菲勒不到 7 岁就开始存钱了,等到他九岁的时候,已经是个小商业家了。

安德鲁·卡内基早在自己成年之前,就储备好了第一笔资金。

亨利·C. 弗里克早在拥有投票权之前就开始存钱了,在他赚到了第一笔百万资产之后,仍然保留着这个习惯。

弗兰克·W. 伍尔沃斯(Frank W. Woolworth)正是因为提前存够了 50 美元,才获得了在干货店打工的机会。这笔钱是在极其不利的条件下攒下的,当时,他在父亲打工的农场中帮工,没有固定的收入。

今天菲利普·阿默尔(Philip Armour)的财富,是靠勤奋与节俭累积起来的,当时年轻的阿默尔还在加州工作。他积攒了 5000 美元,主要是通过挖掘攒下的。

如今的钢铁公司巨头 E. H. 加里(E. H. Gary)在 30 岁之前始终在奋力拼搏,每一分钱都是他辛苦攒下来的。

众所周知，康门德尔·范德比尔特（Commodore Vanderbilt）的财富核心是由他可敬的妻子的节俭政策奠定的。

作为打工仔的乔治·伊斯门一直忍受着贫穷的困扰，从他开始工作的那天起，他便开始努力攒下每一分钱。要不是如此，他也无法开始经商，从而成为美国的 30 位首富之一。

亨利·福特在经历了艰苦的奋战之后，才获取了启动汽车制造产业所需的资本。如果他自己没有储蓄，他便无法说服别人给他提供资金支持。

西尔斯锐步公司总裁，大富豪朱利叶斯·罗森沃尔德（Julius Rosenwald）的第一桶金是靠零敲碎打的行商赚取的。他攒下了每一分钱。

A. 巴顿·赫伯恩（A. Barton Hepburn）不得不借钱上大学。正是因为他很节俭并学会储资，所以才能够在早年便开始经商。如今，他已是国内最成功的银行家之一了。

D. O. 米尔斯在谈论时，说道："只有启动资本积累，才能赚取到财富；他在积攒自己的第一个 100 美元的过程中，养成了节俭的习惯，这个习惯在日后具有不可估量的价值。重要的并不是这笔钱，而是这个习惯。'身无分文'的人最为无助，无论此人是多么有能力；在商人群体之中，小额借款是最为有损声誉的一种习惯。年轻人也许还无法深刻理解这一点。"

托马斯·利普顿爵士说："总是有人向我求教成功的秘诀。主要秘诀就是勤俭，要把勤俭应用在存钱过程中。正如一本封面上有一家银行名字的精装小书所说，一个年轻人可以有很多朋友，但却找不到踏实、忠诚、急他之所急，有能力为他推波助澜的朋友。储资是一切成功的第一大原则。储资能够令人独立，给人以地位与力量，能够有力地推波助澜，事实上，储资能够带来成功的最佳感觉——快乐与满足。

如果能够把储资的品质灌输给每一个孩子，那么我们将会看到更多的成功人士。"

安德鲁·卡内基说："一个人需要学会的第一件事就是存钱。存钱可以培养节俭的习惯，而节俭是所有习惯中最有价值的一种。节俭是伟大的财富积聚师，节俭是原始人与文明人的分界线。节俭不仅能够积聚财富，还可以培养一个人的品质。"

有人问马歇尔·菲尔德（Marshall Field）职业生涯中的转折点是什么，即结束贫穷生活的那个转折点，他回答道："有节制地开支，从而积攒了我所拥有的第一笔 5000 美元。攒够这笔钱之后，使我具备了把握机会的能力。我想这就是我的转折点。"

一个连自身财政状况都处理不好的人，不太可能会处理好其他人的财政状况。

储资要求节俭、自控、自律、克己。

如今的雇主大多会询问应聘者是否有银行账户。因为不节俭通常会与行为轻率如影随形。

如果国民不懂存钱，那么国家不会强盛。

创立新产业、修建新铁路、开采新矿山、建造新建筑，所有这些都需要一定的资本，而这些资本不是别的，正是之前储备的金钱。

由此可见，在和平时代，存钱是进步的基石。在最近的几个月中，我们都懂得了，在战争时期，存款对胜利有多么重要。

你的存款就是你储备的劳力。存款代表着你已经完工了，只是还没有付款而已。你可以用这些储备的劳力去换取自己想要的东西。

挥霍无度的人很难扬名立万。

有句老话说蠢人与金钱很快就会分道扬镳。贫困中不存在美德。贫困只会衍生出丑恶、疾病与各种恶行。

挥霍无度之人永远不会开心，永远不会满足。他的内心永无宁日。

你见过因为存钱而感到悔恨的人吗？

你知道很多人因为没有存钱而感到悔恨吗？

银行账户能够提升一个人的自尊、刚毅与自信，能够强化内心的和平，从而使他成为一个好雇员、好公民、好父亲。

一点积蓄都没有的人很难把握住商机。

当机会出现时，必须有把握机会的能力，才能够致富，而这种机会通常需要立即投入一定的储蓄。

那些需要依靠下周的薪水来解决下周吃饭问题的人，不敢有所尝试。他不敢把握机会，不敢冒险，不敢进入任何新领域。贫穷就如同束缚他的锁链一般。诗人伯恩斯（Burns）在鼓励大家存钱时，写下了如下诗句：

不是为了埋藏在篱笆下，

不是为了乘坐火车，

而是为了独立自主的荣耀。

贫穷使哥伦布探索美洲新大陆的雄心壮志延迟了几年，让他经历了各种侮辱、轻谩与艰苦。

如果电缆铺设工程由一个穷人执掌，那么旧世界与新世界不可能在很多年前就连接在了一起。之所以能够连在一起，是因为塞勒斯·W. 菲尔德（Cyrus W. Field）是一个富翁，他能够从别人那里得到财政支持，在实现目标的过程中，他曾经历了多次费用高昂的惨败，最终取得了成功。

由于缺乏资金，作为商务工具的电话差点变得毫无价值。幸好，亚历山大·格雷厄姆·贝尔（Alexander Graham Bell）的岳父最终施以援手——他有些积蓄。

收割机的开发之所以延迟了好几年，是因为麦考密克（McCormick）没有进行大规模制造与营销的资本。

如果不是因为有些人——很多人——懂得存钱，居住在城市中的我们，也许还无法一拧水龙头就有水汩汩流出，也许还无法一按开关就让室内灯火通明，因为安装水流系统与电灯系统需要金钱——大量金钱，很多个体的积蓄。

如果不是节俭之人缩减开支，积累了建造路轨的积蓄，我们还无法乘坐电车、地铁或是高架火车上下班。

在战争期间，存款的美德与价值使美国的每一个人都回到了家。

要不是自由贷款取得成功，这个国家将会蒙受耻辱。要不是我们有很多存款者，这笔贷款也不会取得成功。

　　合理的存款能够培养个体的优良品质，这些品质非常有用，而挥霍无度的品质则是有害的。

　　引用本杰明·富兰克林的一句话："记住金钱具有繁衍的特性。钱能生钱，生出的钱能够繁衍出更多的钱，生生不息。5 先令能够变成 6 先令，6 先令能够变成 7.3 先令，以此类推，直到变成 100 英镑。本金越多，翻番的幅度越大，利润的增长也会越快。"

　　不能未雨绸缪地存钱，不能为老年积累积蓄，是自私的行为，因为当灾祸出现时，支撑的重担将会压在别人身上。

　　不要做寄生虫，要独立自主。

　　要敢于正视所有人的眼睛。

　　要积累自尊，积累储蓄。

　　为了老年，为了渴望，趁早存钱吧，

　　早晨的太阳不可能照耀一整天。

2. 如何成为资本家

　　在美国，想要取得成功的每一位商人都要先变成资本家。如果他具备进取心，就会期待有朝一日能够开展自己的生意，能够占据驾驭他人的职位。即使你满足于一生都为别人打工，你仍然需要资本才能够等到好工作，得到更好的工作。很多人终其一生，在不好的工作上疲于奔命，因为他没有资本可以等待更好的工作到来，他不得不把握住自己遇到的第一份工作。无论你的职位高低，成为大资本家或小资本家势在必行。

　　如何成为资本家？

　　攒钱，直到有了一定的积蓄。街上的报童先要为别人卖报，才能攒够钱开设自己的报摊，得到所有的收益，而不再是一半的收益。乡下的小孩需要先攒够钱，才能支付进城的路费，然后才能得到一份更好的工作，或是去上学，充实自己，以便能够就任更高的职位。他们都是资本家的萌芽。他们与洛克菲勒或是摩根之间的唯一区别在于重量级不同。如果我们能够铭记50美分就是5000万美元的资本，那么我们就掌握了第一条基本原则。

　　第二条基本原则是：有钱人会得到更多。如果你有50美分，那么你很可能会借到1美元的贷款，因为出借人会说："哦，那个家伙必须拼命工作，才能够积攒50美分，我这1美元对他而言已经是非同小可了。"如果一个人有5000美元的建筑资金，那么他将会得到2.5万至3万美元的贷款，如果他已经攒够了地段费，那么他可以借款建房。

如果他有了自己的房产与地段，那么他可以贷款购买商品，开始经商。

关键是他的信心被激发了，因为他自己存够了那笔钱——而不是因为他拥有那笔钱。如果这笔钱是他从街上捡到的，又或是某人留给他的遗产，那么他不会得到太多的贷款。其实，大部分信心都是本人存款所激发的。在商业中，本人挣到的钱才是真正的基础资金，当然，这些基础资金还会引来一些资金。

现在，我的朋友，你的情况如何？你是一个储蓄者吗？

你说："我竭尽所能去生存、去还债。当我欠债时，一旦还清欠款，就没有余钱可以存进银行了。"

你可以尝试以分期付款的形式买份自由债券——你必须努力赚钱偿还贷款，否则就会失去债券。

你可以尝试以小额还款的方式购买一座房子。你需要一些东西自动提醒你、强迫你去存钱。

你会选择哪种方式作为最佳的强制存款方式？

把它写下来。

也许你生活富裕，有个好妻子，好家庭，还有一些很好的朋友。

你在年轻时，存下了钱。现在你有一个很好的开始，家庭指望着你，生意没有扩张，这种情况很难存钱。

如果你处在这种情况下，你会怎么办？

我建议举行一个家庭会议——召集妻子与年长懂事的孩子们，郑重其事地开个会。简洁明了地说明整个情况，以便他们也能够和你一样了解情况。

让他们了解，他们必须开始存钱，也就是说要减少开支。不要削减他们的零用钱，而是让他们学会把零用钱的一部分积攒下来。为每个人分别开设一个银行账户。向他们宣布由你来掌管他们的钱并无益处：他们必须亲眼见证金钱的积聚。随之你也开设一个储蓄账户，每周与所有家庭成员交换意见，看看谁的储蓄相对较多。

你今天就会开展这个计划吗？

详细写明计划，以便在开会的时候，不会忘记重点，不会失去勇气。

Chapter 7

觉察机会、创造机会、
抓住机会

迟早，机会将出其不意地敲响每一扇门！
只敲一次！在机会转身离去之前，如果你在睡
觉，请醒来；如果你在用餐，请起身。

1. 机会眷顾有准备之人

无知之人是盲目的，而盲目之人看不到机会。

要让自己看到机会，用学识照亮道路。

平庸之人等待着机会的到来。

强势、警觉之人追逐着机会。

睿智之人创造机会。

没有准备的人是无法抓住机会、并利用机会的。

机会眷顾杰出之人，躲避庸碌之辈。

让自己做好抓住机会的准备，这样机会才会眷顾于你。

机会并非像有些人所说的那样变化无常、变幻莫测、毫无道理。

机会躲避着那些闲散、庸碌、无知之人。

伟大之人会训练自己察觉机会、抓住机会、创造机会、把握机会。

当查尔斯· M. 施瓦布瞬间出现在基奇纳（Kitchener）的办公桌旁时，欧洲战争第一枪的回音迅速消逝了；取而代之的是令施瓦布及其员工、股东、国家得到数亿美元的合约。

亨利· P. 戴维斯（Henry P. Davision）前往伦敦，说服 J. P. 摩根公司支持他们——他的公司作为英国政府的财务代理公司，巧妙而有效地利用机会得到管理数十亿美元商务活动的业务。

一文不名但却并非毫无准备的纽约商人乔治· A. 加斯顿（George A. Gaston）也迅速察觉到了机会，并给英国战争署留下了深刻的印象，加斯顿与威廉姆斯 & 威格摩尔合并，开发了几乎覆盖多半个地球的商务进出口网络，每年经手数千万美元。

亨利·福特是自己创造机会的典型人物。

在石油产业刚刚兴起的时候，约翰· D. 洛克菲勒曾是克利夫兰市年轻的代销商，不过，借用他所说的一句话："我看到一个机会，进入这个领域，可以拓展到全世界，如果价格够低，所有人都会加以使用；因此我对石油产生了兴趣。"再引用洛克菲勒先生的一句话："如今，每人每天有 100 个机会，而前几年只有 50 个机会。"

一无所有、毫无名气的图书管理员 H. C. 弗里克发现了煤炭的潜力。在他 30 多岁时，年收入已达到了百万美元，他把自己的成功归结为一个原因："我非常努力地工作，并不时地搜寻着机会。"

知名包装商总裁托马斯· E. 威尔逊曾是一个周薪 40 美元的铁路工作者，当时，莫里斯公司让威尔逊的上司向他们推荐一个聪明的年轻职员去监管冷藏车。派去的人很快就回来了，那人拒绝在那里工作的理由是"气味太难闻"。年轻的威尔逊说："让我去吧。"就这样，他去了——并成为莫里斯公司的总裁。他掌管着苏兹贝格家族公司的后继公司——威尔逊公司，这是全球最大的包装公司之一。

E. H. 哈里曼曾是一位并不起眼的股票经纪人，直到他抓住机会，察觉到即将破产倒闭的联合太平洋铁路公司具有复苏的可能性，并因此步入了百万富翁的行列。不过，没有做好准备的野心家是无法看到这个机会，并把握它的。

詹姆士·J. 希尔曾经也是同样的一文不名，同样的贫穷，直到他把握住了一个即将破产的小型铁路公司，并把它当作了通往更高阶梯的垫脚石。

虽然在弗兰克·W. 伍尔沃斯开办的头 5 家店中，有 3 家店都失败了。但他依然不断地寻求着机会，直到他精通选址，一家一家地把店面开得到处都是。

当约翰·诺斯·威利斯（John N. Willys）投身到拯救行将破产的陆路汽车公司时，他连 1000 美元都没有。但他那不屈不挠、永不服输的英勇作风使他抓住了机会，为他铺就了通往财富的道路。

曾有人问西奥多·罗斯福（Theodore Roosevelt）："你是相信机会的人吗？"他回答道："在某种程度上是。我们生活中的很多巨变都源自一些小事情，一个机会、一起事故或是一些微小的突发状况。当时机来临时，人们必须做出反应，否则就会错失良机。如果此人做出了反应，那么一切安好。如果没有，那么他恐怕再也没有这样的机会了。

如果你愿意的话，可以称其为机会，不过，我却认为是远见引导着人们利用了优越的条件。远见是一种可以拥有的、最具价值的东西。"

用餐巾埋没才能的圣经故事仅仅是关于机会的说教。紧紧抓住机会的哥哥成为"很多东西的管理者"，而闲散的弟弟几乎丧失了自己拥有的一切。

你会怎样运用自己的才能？

你会积极、辛勤、刻苦地增加才能吗？

还是会放任自流，任其沉寂、生锈、腐烂？

机会可以转述为四个字母。

不过，这些字母不是 L-U-C-K（幸运）。

而是 W-O-R-K（工作）。

"机会"的宣言如下：

我掌握着人类的命运！

名望、爱与财富等候着我的脚步。

我走过城镇、田野，

穿越沙漠、大海，

历经茅舍、市集与宫殿，

迟早，我会出其不意地敲响每一扇门！只敲一次！

在我转身离去之前，

如果你在睡觉，请醒来；如果你在用餐，请起身。

2. 如何寻找或制造机会

提到这一点，你可能会不耐烦地说："好运究竟会从何而来？你说的就好像一切都应由我负责一般，所有成功的要素都取决于我，取决于我自己。"

是的，很遗憾，你必须抛弃自己是坏运气的替罪羊这一想法，你不应推卸自己为人处世失败的责任。我承认当我说到"寻找或制造机会"时，这句话有其自身的局限性。

当然，运气这种东西确实存在——它就在我们身边，每天伴随着我们。世界上倒霉到底的情况少之又少。但却存在着很多厄运，我们每个人都会时不时地被它所困扰，所谓的好运与厄运共存。这就是问题的关键——机会，这个坏运气的对立物，来来去去，好运可以变成厄运，厄运也可以变成好运。世界上充斥着好运与厄运——这就是机会与等待机会的关键所在。成功的要素在于能够开怀地接受厄运，同时绝不让好运溜走。如果机会看似总是躲着你，那说明你身上一定存在某些问题，是时候追根究底，找出问题所在了。

在此同样要把所有的个人品质都考虑进去。其中的任何一种品质都可能是机会从你身边溜走的原因所在。回顾本书的第一课内容。全面检视自己，找出机会不眷顾你的原因。是个性问题吗？

是缺乏勇气吗？还是当好事出现在眼前时，你无法辨别呢？

　　假设你检视了自己的所有个人品质，但却找不出缺乏机会的合理解释，又当如何呢！很多年以前，有一位纽约的作者，一本书都出版不了。是因为书写得太差，以致所有出版社都不愿意出版，还是因为好的著作在当时的纽约并不受欢迎呢？他决定前往伦敦做尝试，他刚抵达伦敦短短几周，就把在纽约遭到拒绝的两本图书签了约。可是，接下来的两年，他都没有在伦敦赚到钱，他由此总结出：虽然在这里很容易得到认可，但却不容易赚钱，因此，他去了芝加哥。虽然芝加哥的各类出版机构很少，但却是在美国发行的半数图书的交易中心，不久之后，这位作家的图书出版了，并卖出了数十万册。在时间的磨炼中，这位作家积累了声望与成熟的写作技巧，他需要分销机构帮助他发售著作。芝加哥不具备这种条件，因此他回到了纽约，他发现分销商正静候着他，而且想要大量出版他的著作。因此他又回到了最初的地方，他发现机会如影随形地伴随着他。寓意：只有追逐机会，才能及时抓住机会。

　　那么，下一步你打算怎么办？在检视了自己的特征、处境与环境之后，分别列出优势与劣势，得出合理的结论，看看下一步应该去哪里寻求机会。如果你已经有了一些机会，看看其中还会有更多、更大的机会吗？也许之前由于你考虑不足而错失了良机。列出所有隐藏的机会，从各个方面——斟酌。

迟早，机会将出其不意地敲响每一扇门！只敲一次！在机会转身离去之前，如果你在睡觉，请醒来；如果你在用餐，请起身。

Chapter 8
克己是取得真正成功的
基本要素

那些年轻时虚度光阴，追求欢娱而无成就的人，那些沉迷酒色，而未争夺金杯的人，注定会在晚年为年轻时错失良机而付出代价。

1. 要么自觉克己，要么被人克制

年轻多流汗，年老少受苦。

大多数人在生命的早期旅程中，都要面对困境，历经艰难和险阻。

那些年轻时虚度光阴、追求欢娱而无成就的人，那些纵情嬉戏、不知勤勉的人，那些放荡不羁、不知努力的人，那些沉迷酒色、而未争夺金杯的人，注定会在晚年为年轻时错失良机而付出代价。

平衡法则恒久存在。它看似在沉睡，其实从未入眠。

古语有句话阐明了这条法则："一分耕耘，一分收获。"

睿智之人会趁着年轻多努力，会积极而泰然地锻炼头脑与体魄，艰难、疲惫与克己雕刻在他的前额，无法涣散他的意志。

他选择在自己精力最旺盛的时候，为老年的欢乐、舒适与富裕付出努力。

在生命旅程之初自觉克己，将会在不知不觉中避免年老遭受贫困、压力和劳累。

每个人都要先对这个世界做出一些贡献，然后才能够期望这个世界满足自己的所有合理需求。有时，事实并不像人们所想的那样，即便是大富豪的子孙后代，也无法凌驾于这条法则之上。

有付出才有回报，有耕耘才有收获。

克己是取得真正成功的基本要素——不择手段地发家致富并不是真正的成功。

随便说出一些美国著名实干家的姓名，看看他们是否遵循着克己的法则。

华盛顿很富有，但他爱国胜过爱自己，为了实现崇高的理想，他会毫不犹豫地不辞辛劳、不怕危险。

林肯的学识、智慧与治国之才并不是平白无故从天而降的。当身边的人嬉戏玩耍的时候，他付出了多少的刻苦努力；在他默默无闻的准备生涯中，他坚持了怎样的克己措施，谁又知道呢？

爱迪生每天工作 16 到 18 个小时，才在名人榜上争得了一席之地。抵达纽约时，身无分文而又饥肠辘辘的他，不得不恳求一位品茶师施舍一杯茶给他喝。几年之后，无数困难向他涌来，他曾一度情绪低迷，担心无法攻克难关。但即便在那个时候，他也没有绝望。"就算坏事接踵而来，萨姆，我可以再去当发报员，而你也可以找个速记员的工作。"他对自己最忠实的年轻助手，后来的全球知名电力企业总裁塞缪尔·英萨尔（Samuel Insull）这样说道。

亚历山大·格雷厄姆·贝尔与西奥多· N. 韦尔（Theodore N. Vail）在成功搭建起付费电话网络之前，曾一度沦落到借钱吃饭的地步——他们的饭钱不足两美元。

要不是因为严格克己与极度果断，农场工人麦考密克也无法顶住无数的阻挠，为世人带来收割机，人们可能还处在原始的手工收割阶段。

查尔斯·古德伊尔（Charles Goodyear）在长期努力开发将会成为人类宝贵资源的物质时，差点饿死。他的努力使得橡胶工业成为国内主要产业。

富尔顿（Fulton）并没有在困难面前退缩，他不惜血本地制造了第一艘轮船，并在哈德逊河（Hudson）试航。

伊利亚斯·豪（Elias Howe）在不懈努力发明缝纫机的过程中，全然忘记了自己的舒适问题。

塞勒斯· W. 菲尔德（Cyrus W. Field）虽然富有，但却敢于体验贫穷，尝尽苦累，只为铺设横跨大西洋的代表文明——电缆。

再说说其他的成功人士：

煤炭与钢铁国王亨利·克雷·弗里克在年收入达到百万美元之后，仍旧生活在一居室之中，他是如此急切地想要把积累的资本用于商务扩张。

烟草巨头詹姆士· B. 杜克也是为了同样的理由，在年收入达到 5 万美元之后，仍然居住在每周 2.5 美元的狭小房间中，且每顿饭都在东区（纽约）食堂就餐。直到他的年收入达到了 10 万美元之后，才搬到了每周 4 美元的房间中。

亨利·菲利普的父亲是一位鞋匠，安德鲁·卡内基的母亲过去常常帮他缝制鞋子，而安德鲁自己也曾一度夜夜加班，只为每周能够多挣一美元。有时，他还会为了攒钱，而牺牲自己所有的娱乐活动。

摩根最为杰出的合伙人亨利·P. 戴维斯（Henry P. Davison），当他在一家很小的纽约银行得到了自己的首份出纳员职务时，为了节省10美分，每天10英里的上下班路程，都是骑车穿梭在纽约的大街小巷中；他会把晚上的时间用来学习。

美国最大的国家银行行长弗兰克·A. 范德利普（Frank A. Vanderlip）起初曾在机械工厂打工，他在车床上辛苦劳作，攒够了一年的大学学费。多亏了他不屈不挠的克己精神，他的全部生活费加学费一共只有265美元。此外，他还把自己过去常说的一句话当成了自己的成功格言："每天，在完成当天的工作之后，还要把第二天的工作提上日程，研究它与事物的发展过程有何关系"——这是克己的另一种形式。

要在生命的初期或中期烘烤蛋糕，这样就可以在晚期享用了。

如果你在初期时能够自觉克己，那么后期的世界上没有什么能够克制你。

要么自觉克己，要么被人克制。

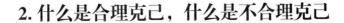

2. 什么是合理克己，什么是不合理克己

在这个世界上，走极端都是不好的，无论是极度奢侈，还是极度节俭，因为智慧存在于中庸之道。然而，你会在中庸之道中得到快乐吗？

如果你很年轻，那么克己是一个重要的美德；如果你已年迈，且攒下了一些钱，那么如果你分文不花，你就是吝啬鬼。念完大学之后，把自己封闭在小房间中，节衣缩食至危险境地，最终被送入医院的是愚蠢之人——他本可以在农场中干得更好。虽然英国食品管理者拜伦·朗达（Baron Rhondda）非常富有——作为英国无烟煤矿最大的所有者，可以说是极其富有，他想要为英国人民树立克己的典范，像外界宣称的那样，节衣缩食地生活着，但却因此减掉了 30 磅的体重，最终死去了。他做出了巨大的牺牲——但这样做明智吗？

在大多数情况下，不明智地遵循中庸之道是极其危险的。很多年轻人几乎挣多少就花多少。他的薪水并不高，他无法指望薪水尽情享乐。他为自己能够养活自己，基本不用依赖父亲而自命清高。他不常去剧院，只是偶尔去一次；他有时会去打台球，偶尔会与朋友们玩扑克。这些娱乐活动需要耗费大量的时间与精力，要保持娱乐活动与生活条件的均衡——与微薄收入的均衡。自我放纵应该适度，而克己也应该同样适度。

你会选择哪一种——适度放纵的艺术还是合理克己的艺术？

你无须节衣缩食，无须拼命工作，无须放弃所有娱乐——然而，如果你想要生活更进一步，在年轻时积聚财富，供年迈时享用，那么你必须系统而深入地培养克己精神。

你正在培养克己精神吗？

要坦诚地回答自己。如果你对自己都不坦诚，那你还能对谁坦诚呢？

除了金钱方面的克己以外，还有一些其他的克己形式。克己是无私的基础。你要克制口舌之欲，不要说一些于人无益的刻薄言论或是伤人言论，可以自发地说一些令人舒心的话语。通过克制伤人之语，你会更感舒心。

也许在商界，你会很快见识到如何利用机会获取效益。通过自己的聪明才智获益会令你感到一定程度的满足。然而，通过克制自己享受利用机会的特权，则会让你更感满足，特别是在他人注意力被转移，从而导致没有注意到机会，或是失去机会的情况下。克己是美国商业服务准则的基础。不要成为压榨者，而应小心保护你所有的客户，使其免受你或他人的压榨——通过克己，你会获得巨大的收益。

那些年轻时虚度光阴，追求欢娱而无成就的人，那些沉迷酒色，而未争夺金杯的人，注定会在晚年为年轻时错失良机而付出代价。

Chapter 9
坚韧不拔成就国家
与个人的伟大

只要我们不灰心，必将会有收获。

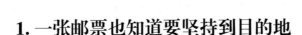

1. 一张邮票也知道要坚持到目的地

钻石是长埋地底的煤块。

如果人类的进化已经历经了数百万年，那么再多用几年的时间成为人中龙凤，又有什么令人不满的呢？

如果我们不能快速出人头地，就要退却吗？

注意：美国的金融界、工商界巨头没有 40 岁以下的，一位都没有。

过去的情况又如何呢？

J. P. 摩根的创始人虽然生来富有，日后又成了国际银行家，但直到 60 岁才取得了事业上的最大成就；将近 70 岁，在华尔街的金融危机中，才被公认为华尔街无可争议的领军人物。

哈里曼在 50 岁时还是一位名不见经传的偏好铁路公司的经纪人。

希尔在成为西北帝国缔造者的时候，头发已经花白了。

伍德罗·威尔逊在 50 岁时还是一位少有人知的大学教授。

华盛顿在赢得"国父"这一不朽头衔的时候，已经不再年轻了。

林肯在中年时还是"煤炭级"，而非"钻石级"，直到 52 岁才显现出总统之才。他在盖茨堡做出不朽的演讲时已经 54 岁了。

然而，他们都是坚韧之人。他们有目标，能够勇敢、无畏而坚定地朝着目标努力，他们克服的障碍多于你我的遭遇。

很多人在最初 12 个月中表现出的执着，要多于日后 12 年中表现出的执着；要不是这样，他们永远也无法学会走路。

罗伯特·布鲁斯（Robert the Bruce）在解放苏格兰的过程中，经历了 6 次失败。不过，一只蜘蛛从墙上跌落 6 次之后成功地爬上了墙，这使他重拾勇气，进行了第 7 次尝试，最终布鲁斯赢得了桂冠与不朽的荣耀。

查尔斯·M. 施瓦布在 35 岁之前当上了世界首家价值 10 亿美元的公司总裁，他曾一度失去钢铁王位与万众的瞩目 10 年有余，但在这段时间中，他加倍努力，在年过半百之后，取得了巨大的成就。他没有退却，他坚韧不拔。

美国最具影响力的两大银行家乔治·F. 贝克与雅各布·H. 希夫（Jacob H. Schiff）的平均年龄有 70 岁。而"较年轻一派"的代表亨利·P. 戴维斯、弗兰克·A. 范德利普与奥托·H. 卡恩，也都达到了 50 岁或 50 岁以上。

国内几大主要铁路公司的总裁全都达到了可以做祖父的年龄。

90% 的美国商业巨头都是白手起家的——在国内评选出的 50 位商业中坚骨干中，不足 10 位是生来就富贵的。

其中至少有 40 位，在占有一席之地以前，都付出了血汗，从清晨到深夜，乃至彻夜辛苦地从事脑力劳动与体力劳动，他们遭受过失败，但却从不绝望。

如今的雇主都会避开见风使舵之人。

摇摆不定的人没有市场。

生活要求非常专业化，杂而不精的三脚猫功夫并不受欢迎。

坚持，一个人必须坚持到最后——他不能期望今天是个好鞋匠，明天是个优秀的管道工。

今天的成就需要热血之人，而非冷淡之人，需要坚韧，而非牢骚。

受欢迎的是坚韧不拔之人，而非固执己见之人。

"坚韧是打开成功之门的唯一钥匙。"美国迄今为止最伟大的采矿冶炼业巨头丹尼尔·古根汉（Daniel Guggenheim）这样说道。

曾有人问马歇尔·菲尔德："你把自己的哪种特性看作是事业成功所不可或缺的？"他毫不迟疑地回答道："坚韧"。

E. H. 哈里曼最喜欢的格言是："很多人只因相差一点点，而毁掉了很多出色的工作。"

有人问爱迪生："你认为若要在你的领域或其他领域取得成功，必不可少的第一要素是什么？"他回答道："要能够不知疲倦地将脑力与体力专注在一个问题上。我所做的每一件有价值的事都并非突发奇想，我的发明也没有一样是意外所得，留声机除外。当我确定一个目标有其价值的时候，我会奋勇向前，不停地实验，直到实现目标为止。"

本杰明·富兰克林曾经说过："也许你的能力不强，但只要坚定不移，必将取得巨大的成果，因为滴水石穿，星火燎原。"

即使是一张小小的邮票也知道要坚持到目的地。

是坚韧不拔成就了国家与个人的伟大。

当国家与个人放松时，当他们变得疏忽、怠惰、得过且过时，只会迎来堕落与腐败。

"当一个人觉得可以在自己的殊荣之上休憩时，那一刻他就开始在倒退；他必须坚持不懈地努力，一直努力。"托马斯· E. 威尔逊这样说道。他之前是身无分文的牧场工人，后来通过坚持不懈的努力，以威尔逊公司之名收购了苏兹贝格家族公司，并因此而成为国内的知名人士。

众所周知，美国正是因为克里斯托弗·哥伦布（Christopher Columbus）坚持不懈地努力，才被发现的，难道不是吗？

如果没有坚韧不拔的精神，如果没有坚持，那么一个人不可能爬到梯子的顶端。

2. 如何培养忍耐力

当然，如果你缺乏耐心与坚持，那么这节课便无法对你发挥效用。

然而，个人的努力能够也必将会提升某种程度的意志力，而某种程度的意志力提升也许标志着生命转折点的来临。

据说，在第一次世界大战中，当联军在达达尼尔海峡炮轰土耳其军队时，土耳其的弹药早已耗尽，只要再过几个小时，联军就会看到土耳其军队缴械投降，占领很多人为之牺牲的战略要地。无论此事是真是假，都不重要：通常，在美国的商界也存在类似的情况——再过几天、几周、几个月，每况愈下的形势将会日益好转，导致下滑的因素将会使你在山谷的另一侧扶摇直上。

你知道何时该坚持，何时该放手吗？

回顾过去生活中的一些小事情，是否有过再坚持一下，就会成功的情况呢？如果有，你需要立刻开始培养坚韧不拔的精神。

一个孩子走出学校，走进了办公室。6个月之后，他掌握了一些商务知识，开始变得有价值。这时，另一家商务公司发现了他，提出每周多给他1美元。他走了，去了新的商务公司。6个月之后，他在新公司学到的东西，基本上是他在离开旧公司时已经掌握的东西，这时，第3家商务公司提出再给他多加1美元。

在第 3 家公司工作 6 个月之后，他所学到的东西与前两家公司一样多。这时，有事情发生，他失去了工作——可能是他生病了——他不得不以最初的工资水平从头再来。

如果他能够坚持第一份工作，那么 18 个月之后，他可能已经对公司很有价值了，在他生病期间，公司会为他保留职位。3 年之后，他可能会是替补公司重要职位的候选人——可能会得到大幅加薪。

在你开始工作时，也是这样不停地跳槽吗？如果是，那说明你目前很可能还在生意场上不停地左右摇摆，从不坚持一个想法，直到从中发掘出有价值的东西。

首先要找出值得坚持的事情。拿出笔和纸，把你觉得在工作与生活中值得坚持的事情写下来。

你为什么没有坚持住？

其中哪件事情最为重要？

如果两件事情恰好是朝着两个不同的方向发展，那么你便无法同时坚持这两件事情。

如果你想要培养坚忍不拔的品质，那么首先要确定一件重大的事情。然后对自己说："无论如何，我都要坚持 5 年。"

有些人只能坚持 1 年，有些人能够坚持 3 年，只有少数人能够坚持 5 年。如果你只能坚持 1 年，那么可以先把目标设定为坚持 3 年，最终再由坚持 3 年改为坚持 5 年。

当然，你不会在一匹死马身上多做坚持；然而，在你放弃之前，一定要确定这匹马已经死了，因为马是一种很有价值的动物——就像机会一样。

另一件要做的事情是一步步检查你的计划，看看每步计划是否合理——是否会成功。

每次在做这件事的时候，如果你确定自己是对的，那么你的信念会更加坚定，也就更容易坚持。四处向人询问是否该坚持是无谓之举——这是你自己可以决定的事情，只有你坚信自己的判断能力，才能得到坚持的力量。

你会这样做吗？你会坚定不移地去做吗？你会立即去做吗？

Chapter 10
成功其实就是快乐的艺术

一个愤愤不平的人在一个组织中，就好像一个烂苹果在一篮新鲜的水果之中。

1. 命运女神只会对着微笑之人微笑

成功是我们所有人追求的巅峰。

我们无法乘坐升降梯或电动扶梯抵达那里，无法不付出努力就轻易得到。

成功之路是险峻的，险峻得如同悬崖峭壁一般，我们必须付出体力与脑力，要勤勉、勇敢、坚定地一步步爬上去。

乐观是一个台阶。

要尽早跨过。

生活本身之外的商业上的成功，其实就是快乐的艺术。

主要问题是要让员工满意。

如今的企业都不会选用脾气暴躁的管理者、经理人、负责人或是领班，因为脾气暴躁的监督者只会带出脾气暴躁、牢骚满腹的员工。

如今获得提升的都是乐观之人，而非易怒之人。睿智的雇主会把升迁机会留给好脾气的热情员工，因为易怒的经理人绝不会激发员工的忠诚度。

让一个易怒之人来管理生意或员工，就如同在机器中插入了一根撬棍。

快乐的老板是整个工厂的润滑油——笑声就是润滑剂。

退休金、分红、患病津贴、事故赔偿金、团体保险等补助的意义是什么？难道不是为了一个终极目标——让员工满意吗？

不满会导致粗心、冷漠与无效能。

乐观可孕育出能力。

脸拉得越长，得到的收益越短暂。长期的收益通常属于那些能够激发、激励、鼓舞他人的人。

"我愿意用 100 万美元换取查理·施瓦布的微笑。"年收益 5 亿美元的包装业巨头 J. 奥格登·阿默尔（J. Ogden Armour）这样说道。

施瓦布本人并没有把他的成功——拥有雇员 7.5 万人，归结为自己阳光般的灿烂微笑。

如果一个微笑可以值 100 万元，那么为什么还要皱眉呢？毕竟皱眉没有市场。

拉卡瓦纳铁路公司曾经解雇了一位总监，只因他无法和谐地与人相处。

很多办公桌前高悬的格言"微笑，见鬼，微笑"亦有哲理。

此外，电话国王西奥多·N. 韦尔所说的"伴随着微笑的声音无可匹敌"也有道理。

与流汗相比，微笑能够让你更进一步。

不论是做生意还是相处，所有人都愿意找乐观之人，而非易怒之人。

罗伯特·刘易斯·史蒂文森曾经说过："找到一个快乐之人好过找到五英镑。快乐之人能够将快乐传递，快乐之人的到来就如同又点亮了一根蜡烛一般。"

另一位圣贤写道："过于小心谨慎的人长期生活在痛苦之中，而积极乐观之人的体内则喷涌着一口快乐之泉。"

世界知名采矿工程师约翰·海斯·哈蒙德（John Hays Hammond），曾在纽约大学的一个班级上说道："只有乐观的人才能成功，正如莎士比亚所说'心旷神怡，整天顺畅；哀伤忧愁，一脸憔悴'。年轻人总是心存不满是件很糟糕的事情。随着时光的流逝，这些不满将会变成很重的负担。一个人如果仅仅因为别人取得了成功，而自己却错失良机，就总是觉得世界亏欠自己，总是牢骚满腹，那么他是一个可怜虫，他不会得到别人的同情。"

命运女神通常只会对着微笑之人微笑。

要是范德比尔特船长（Commodore Vanderbilt）还活在人世，他一定不会奉行"让公众去见鬼"的格言，20世纪的接班人所奉行的是"让公众快乐"。

美国最大的银行行长弗兰克· A. 范德利普不会出高薪聘用承认自己交友技能差的人。

一个愤愤不平的人在一个组织中，就好像一个烂苹果在一篮新鲜的水果之中。

人类主要的现世目标是追求快乐。

学会乐观，将会缩短你与快乐之间的距离。

科学表明：担忧、纷争、忧愁会有害健康。

好的精神状态能够促进消化吸收。

乐观无须花费分文，但却具有宝贵的价值。

　　不论是对于生意而言，还是对于身体而言，乐观都是一种资产。

　　明天的伟人与领袖将会是那些用乐观武装头脑的人。

　　明智的赛马师是不会在马儿惊恐之时上马的，因为他知道这场比赛已经必败无疑了。

　　生活比赛最好是在身心轻松、惬意自如的情况下进行。

　　J. P. 摩根的创始人曾经说过："在这个国家中，只有乐观主义者，才能最后胜出。"

　　乐观与快乐是兄弟。

　　当其他钥匙都不能用时，乐观可以为你打开一扇门。

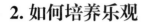

2. 如何培养乐观

乐观与远离担忧是同一种东西的两种不同说法，因为就实际情况来看，不可能同时感到快乐与担忧。

乐观是内心的一种习惯，和其他习惯一样，乐观也可以培养。有些商家要求所有雇员在接到每一份订单之后，都要说"谢谢"。还有些商家要求雇员在进门时对大家说"早上好"；在离开时对大家说"晚安"。习惯性地说出这些话，能够令人或多或少地感到快乐。面部肌肉呈现快乐的状态，内心也会随之感到愉快，这是一条有名的心理法则。

担忧会抹杀快乐。对大小事情都感到担忧的人，在担忧的过程中，会给生活中的快乐蒙上一层面纱，会挡住幽默的光线。培养乐观需要开展对抗担忧的运动。

也许你会说："我不知道要如何远离担忧，当事情进展不顺利时，我就会情不自禁地感到担忧。"

如果你能够把心思完全放在你所感兴趣的其他事情上，你是可以克服担忧的。

心理学认为摒弃一种感觉的方法是：让自己沉浸在其他更强烈的感觉之中，而且要"抑制头脑中涌现的其他感觉。"非常繁忙的人很少有时间去担忧。如果一停下忙碌的工作，就会感到担忧，那么可以毅然地转向某种娱乐、某种消遣或是某种体育运动之中。这些方法都是治愈忧虑的良方。

缺少快乐通常源于自我专注。一个全心投入生意的人，似乎无法停下来享受快乐，也无法让身边人知道自己的内心感觉。相反，他很可能会显得突兀，会以刺耳的声音大声发号施令，却全然不知办公室的全部压力都来自人的耳朵。所有这些都是不良习惯——只要用心努力，就可以在一个月之内改掉这些毛病。只有在尝试以后，才会知道自己能够做到哪种程度。

你需要自我检测的问题如下：

你是否已经养成了机械式的习惯，时常面带微笑，谈吐友善，快乐地说早上好，亲切地道晚安？如果不是，现在就开始培养这些纯机械式的习惯。

你会担忧吗？如果会，那么现在就开始对抗担忧，不要给自己担忧的时间与机会。毅然地投入到工作中、娱乐中、各种形式的体育锻炼中，直到疲倦得只想睡觉为止，当你醒来的时候，不会再感到担忧。

你是否忽略了别人有权从你这里感受到愉悦的声音、温和的微笑与友善的举止？除非你能够改变自己那些恼人的举止，否则你总有一天会为此付出惨重的代价。

一个愤愤不平的人在一个组织中，就好像一个烂苹果在一篮新鲜的水果之中。

Chapter 11

团队合作是巨大成功的基础

在现代社会中，一个人的企业无法对抗脑力与资本的大量合并，只有团队成员才能最终胜出。

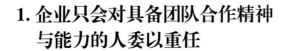

1. 企业只会对具备团队合作精神与能力的人委以重任

在当今社会，除非你是一位团队合作者，否则很难取得成功。

人类文明建立在团队合作之上，人类文明就是团队合作。

原始人不懂团队合作。每个人都是独自前去寻找食物；独自建立茅舍（如果需要的话）；独自缝制裹腰布；独自建造独木舟（如果要用的话）。每个人都是独立于他人的个体，可以说，每个人都是自立自足，每个人的生活都危险、无常、不舒适。

然而，当原始人认识到团队合作的优势，并开始运用新的智慧时，他们脱离了纯粹的野蛮人模式，开始走上了通往人类文明的道路。

即便是早期的文明人，其团队合作也并不多。每个人各自耕种着一小块土地，编织着自己的简陋服饰，坐在自己的牛背上或马背上独自旅行，建造着自己的私人住所，找寻着自己的（天然）燃料，制作着自己的简易蜡烛，烘烤着自己的面包，制造着自己的肥皂。

如今，所有这些事情都是靠团队合作完成的。

团队合作使我们住上了富丽堂皇的公寓式住宅与大型的酒店。

团队合作使我们拥有了机器制作的服装、鞋子、食品等各类生活必需品与奢侈品。

所有贸易、所有商业、所有工业都源自团队合作。

我们的学校、我们的教堂，也都源自团队合作。

停止团队合作，我们将会退回到未开化的生活方式。

然而，团队合作不会停止。

团队合作的趋势将会越来越强。

实际上，这种趋势将会达到前所未有的状态。

世界大战使世界进入了庞大的团队合作之中。

德国的开头强劲而持久，因为独裁专制的德国统治者使所有国民组成了一个国家级的团队，所有人都在为了同一个目标、同一个结局而努力。

而联军在 3 年多的时间内都没有结成团队——因此付出了惨痛的代价。不过，最终，多亏了我们的国家统治者，他们推动了协同行动，要求为了保证团队合作，抛下所有个人与国家的自豪感、好恶与偏见，一致服从一位最高元首——福熙元帅（Generalissimo Foch）的领导。

军队代表着至高无上的团队合作。在没有团队合作的情况下，军队比暴民好不了多少。他们的全部力量都要用在协同行动上，每个士兵都要与其他士兵完美配合。

而现代商业——大企业——就广义而言，不正是团队合作吗？

谁能提供这种团队合作？

当然是团队成员了，除了团队成员，无人能做到。

以上这些内容都是为了引出一个论点，也就是本篇文章的核心论点，企业只会对具备团队合作精神与能力的人委以重任。

纽约国家城市银行曾挑选了一个有名的外地银行家担任副行长之职。银行同意支付他高额的薪水，其他事情也都安排妥当了。之后，他写信要求明确知晓自己在银行副行长名单中的排名情况，并要求强调他的"地位"。他马上被解雇了。管理者的解释是："他不是一个好的团队成员。"

我曾向一个大型机构推荐了一位能人。管理层为此人的知识、能力与经验所折服，他表示会重用此人。然而，最终此事不了了之。

后来管理层向我解释说："我们仔细观察了这个人，发现他是个很难相处的人。我们这里只需要团队合作者。"

"我不知道钢铁公司中有谁能够继任贾奇·加里（Judge Gary）的职位。"一位对这个巨型企业非常熟悉的商人如此说道，"有能力搞定该企业各个子公司所有总裁及其他重量级管理层的人并不多。贾奇有一支令人满意且运作良好的大型团队。"原因是贾奇·加里知道如何激发并维持他那高薪、高位的助理团队运作。

如果林肯没有发挥聪明才智，营造了团队合作，而只靠高度紧张、反复无常的内阁官员，那么内战一定不会那么快就结束。他是如此博大，足以搞定身边的那些性格乖僻之人。通常，他会忍受那些被其他身居高位之人看作是奇耻大辱的事情。

这就是成功的团队成员的秘诀——他从不以挑衅的姿态出现，他从不无事生非，他从不为了维护自己的"尊严"免受侵犯而时刻警戒着。

团队成员不能软弱无能、他绝不会抛弃自尊、绝不会牺牲原则、绝不会背弃自己的观点与信仰。

团队成员得是——必须是——真君子。

然而，他却超越了真君子。

他是一位外交官。他并不固执。他认为其他人，特别是团队中的上级，有权持有自己的观点与信仰。他做好了互相让步的准备。他并不期望凡事都按照自己的意志发展，也不期望总能得到自己想要的结果。他胸襟博大，能够尝试站在对方的立场看待问题。

此外，团队成员还要谦恭、体贴、温文尔雅。

他会至少满足别人一半的要求。

他会殷勤、体贴、乐于助人。

他会与人合作。

他会更在意将事情办好，而非办好事情之后能获得多少酬劳。

他会以家庭、公司、机构、企业的利益为先。在他看来，事业是一个大型机器，每笔生意都会把它推向新的高度，要绷紧每一根神经，确保生意能够高效运营，不要留下任何后顾之忧，要得到最好的结果。

他并没有把生活、事业、未来视作独立的个体，并不认为一切要以自己的利益为先，"试图争做第一"，而是把自己当成了其中的一部分、一分子。他认为自己的最大职责是促进整体的繁盛，如果整体能够繁荣昌盛，那么他作为积极、高效、上进的整体的一部分，必然也会随同整体一起繁荣昌盛。

他的眼睛与思想很少关注自己，很少关注自己的得失，他更看重的是机构的发展。

他会埋头苦干。

只要能够做到这些，只要能够持续数年坚持这样做，那么财富便不会永远远离他。

机会迟早会出现在他的面前。

亨利·L.多赫尔蒂认为最重要的一把成功的钥匙是与他人相处的能力。具备这种能力的人，具备着成功最基本的特质。

"你能举荐一个管理人才，一个业务骨干，一个我可以信任的能够堪负大任的人吗？"一位商业领袖这样询问太平洋海岸木料与汽轮所有者罗伯特·杜勒船长。老练的船长回答道："坦白讲，如果我知道这样一个人，我必会收为己用。"

我认识不止一位高薪管理者因为无法融入团队之中，而被迫出局了。企业发展需要更多的管理者能够相互合作，这是大势所趋。

长远来看，胜利属于那些要求不多，但收获很多的人，而不属于那些拼命想要独揽大权的人。

团队合作要求具备一定的无私精神。

团队合作要求宽容。

团队合作要求良好的伙伴关系。

团队合作要求亲和力。

然而，它的价值绝对物超所值。

团队合作是一种资产，如果没有它，一个人将会面临事业的凋零。

那些只进不出之人，那些做不到相互让步之人，永远也无法成为真正的团队合作者。

在现代社会中，一个人的企业无法对抗脑力与资本的大量合并，只有团队成员才能最终胜出。

仔细检视自己的情况，如果存在不足或缺陷，马上着手弥补。

因为如今的巨大成功叫作"团队合作"。

2. 如何成为成功的团队合作者

有些人喜欢与他人合作，喜欢组队出击，他们总是想要个搭档；还有些人喜欢独自行动。第一种人通常缺乏独创性，他无法独立想出方案；第二种人很容易失败，因为再好的想法，如果不付诸实践，也会毫无意义，而在当今社会中，只有通过组织机构，才能将商业想法变成巨额金钱。无论你的想法是多么杰出、多么有创意，都必须借助团队合作来支持，否则就算说出想法，也换不来有价值的金钱。

你会怎样实现团队合作？

首先，年轻人在最初阶段无论如何也得不到独自运营生意的机会。他首先需要接受企业的教育与培训，他的最佳方案是：挑选一家可以给自己提供最佳培训机会的企业。一两美元的薪水怎么能与这种精选的商业培训机会相提并论呢？

年轻人，问问你自己，你是否在企业中得到了自己想要的培训呢？

首先要注意团队合作的态度。如果你能够向企业中的每一位工作人员学习，把勤杂工与老板都当作自己的老师，从他们身上学习东西，那么你就具备了作为团队成员的正确态度。

你是这么做的吗？对于能够掌控自己的生意，开始认为自己

能够独当一面的 30 岁或 30 岁以上的人而言，摆在他面前的是另
一个问题：他应该自立门户，与其他和自己年龄相仿的年轻人合
作；还是应该继续坚守已经积累了一定客户基础的较为悠久、较
为大型的公司职位？

　　这是你的问题吗？我来告诉你答案。

　　答案取决于你自己。从内心深处而言，你是否坚信自己到 50
岁或 60 岁时，将会掌管这家大型公司？如果你有这种信念，那
么就要坚持到底，无论你现在的上司对你友善与否，你的忠心应
该献给公司、献给生意。如果你的忠心毫不动摇，那么时机迟早
会到来，等到现在的顶头上司离开，你就可以接替他了，因为即
便你的前任对你恨之入骨，把你当作毒药，可生意缺不了你。你
对生意的忠诚将会压制住微不足道的个人敌对情绪，你对团队的
贡献将会胜过可能存在的个人偏袒行为。

　　如果，与此相反，你在外界看到了更大、更好的商业机会，
因为其中流动着新鲜的血液，而你又能够引来合适的助理人员（就
如同只要总理能够找到适当的人选就职，就能够组建内阁一样），
那么就自立门户吧。然而，除非你找到了合适的支持者，否则不
要这么做，因为如果你没有合适的支持者，你很可能一开始就得
认输。

　　你也许是某个行业的专业人士、工程师、专家、出众的思
想家。

　　这类人几乎完全是独自一人工作的。不过，如果没有团队合
作，他们便无法取得进一步的成功，他们的团队合作应采取另一

种不同的方式：他们必须利用外界的大型企业，他们必须效力于这些企业。律师必须把大型公司作为客户——他必须追求这类客户；医生必须有自己的医院，也许他在医院中需要做大量无谓的工作，但却可以得到客户与声望；工程师必须有自己的建筑公司；高效的商务专家必须有由成功商人组成的朋友群，以便朋友们能够支持他、推荐他，而他则要向朋友们免费提供有价值的专业化私人服务作为回报。

写下来——你会怎样系统地培养能够使你取得巨大成功的合作?

寻求、培养团队合作的态度本身就是一种团队合作。

Chapter 12
礼貌会迎来成功

　　各行各业的最大成功取决于和他人相处，取决于尊重他人，取决于自己的行为举止给他人留下的印象。

1. 培养礼貌

礼貌是绅士与淑女的标志。

我们都希望被视为有教养之人。

缺乏礼貌意味着我们粗鲁、蛮横、野蛮、没教养。

无论在商界，还是在社会中，没有什么比礼貌更能帮助年轻人上进了。

真正的礼貌不是虚有其表，不仅仅是不摆架子，不是假装，也不是虚伪。

礼貌行为源自友善的思想。礼貌不过是亲切的另一个代名词。

"谦恭有礼的思想就如同魅力四射的外表一般。"伏尔泰这样定义道。

无礼是自私的产物，是把自己的利益放在第一位，是对他人感受与权利的践踏。无礼是一种丑陋的品质。

无礼毫无益处。无礼只会引发他人的怨恨。无礼会树敌，会驱散友谊，会造成疏远。

拉布吕耶尔（La Bruyere）有一句恰如其分的名言："礼貌思想就是要通过我们的言行，令他人对我们满意，对自己满意。"此外，"有礼貌之人，其实际品质一定非常伟大。"

如今的雇主都偏爱有礼貌的员工，偏爱懂得如何取悦别人，如何赢得好感，具有吸引力而非排斥力的员工。

如今的竞争非常激烈，标准化的商品非常之多，能够满足客户需求的场所非常之多，因此生意的成功与否可能就取决于雇员取悦消费者或客户的能力。

谦恭——礼貌的另一个代名词——分文不取，却能够同时令个人与企业受益。

美国钢铁公司，这家全球最大的工业企业，正是因其长久以来的谦恭态度而享有盛名，他们的谦恭不仅面向消费者，面向竞争对手，这种体贴与周到的谦恭精神同样面向企业内部的上百万员工。

国内另一家巨型企业——美国电话公司，其雇主从不留用任何一个不礼貌的雇员。持续的粗鲁行为会招致解雇。

纽约地铁管理极为不得人心的主要原因是：管理层粗鲁、蛮横、盛气凌人的态度，他们的态度影响了很多与大众直接接触的雇员。

虽然西奥多·罗斯福的很多公众演说都铿锵有力，咄咄逼人，但他私下里却是一个非常礼貌、客气的美国公民。

前总统塔夫脱（Taft）也具备这种礼貌的个性。

很多成功人士也同样如此。

紧张烦扰的生活并没有消磨掉这些巨人的谦恭与礼貌。

对于很多年轻人而言，礼貌是通向成功的护照。当沃尔多夫阿斯托里亚酒店的乔治·博尔特（George Boldt）去世的消息频繁出现在报纸的版面上，各行各业的领袖都前去参加他的葬礼，威尔逊总统还发表了悼唁。虽然这个人以前只是一家餐馆的洗碗工，但他却通过礼貌的言行，成为美国最杰出的旅馆经营者。

无数金融界与商务界的领军人会选择举止得体之人做私人秘书，这个职位通常是更高职位的垫脚石。

旧时的大学非常重视培养绅士，培养举止优雅之人，培养关注他人情感与慰藉之人。

现代的大学很少关注谦逊有礼的问题，从而导致很多年轻人傲慢、自大、激进、狂妄、不懂体恤他人。

各行各业的最大成功取决于和他人相处，取决于尊重他人，取决于自己的行为举止给他人留下的印象。

不受大众欢迎的人不会成为美国总统。不仅如此，如今，就连成功的工业企业、大型的铁路系统、有影响力的金融机构，等等，也不会推举不受员工与公众欢迎的人就任总裁一职，无论此人的技术水平是多么过硬。

W. E. 科里（W. E. Corey）之所以被钢铁公司免去总裁一职，正是因为他的内部管理方式过激，引起了公愤。

范德比尔特（Vanderbilts）之所以在铁路业与金融界都失去了主导地位，并不是因为能力不足，而是因为盛气凌人、目空一切的态度把他们带到了不得人缘的境地。

很多人都心存误解，其实蛮横并不是优越的标志，而是缺乏常识、缺乏思想、无法把握生活与人性基础真谛的标志。

我们有时会谈论一个人"固有的谦恭"；我们有时会说"礼

貌是天生的"。

然而谦恭却是可以培养的。

谦恭与礼貌是正确思想结出的果实，是关怀他人、仁爱友善的表现。

《圣经》说："第一将成最后，最后将成第一。"这是对于不礼貌的警告，是对过度自负的警告，是对狂妄自大的警告，是对推开别人，只为超越他人的警告，简而言之，是对不良举止的警告。

没有什么比礼貌更能凸显孩子的可爱，没有什么比厚脸皮更让人憎恶。

对于成人而言，礼貌更加重要，因为随着人类文明的进步，蛮横会越来越受到忌讳。

国内一位非常有名的美籍德国人，在战前从德国归来后，说道："看到那里的很多人都盛气凌人，我感到非常痛苦。他们的举止令人憎恶。他们是如此狂暴、骄傲、跋扈，我对他们说恐怕德国人是在自找麻烦——他们是骄傲导致失败的鲜活示例。"他的话语非常具有先见之明。

对德国的憎恶、怨恨与愤恨在很大程度上是因为他们在战争中的表现全无谦恭与礼貌。他们的表现更像是魔鬼，而非基督教徒。他们的凶残、野蛮与残忍使他们在很多年中，被排除在文明的人类社会之外。

礼貌是友善的一种形式——没有什么可以跟友善媲美。

不礼貌的人必定是牢骚满腹、不满足、不快乐之人。

不礼貌与悲观如影随形。

礼貌与快乐是孪生兄弟。

抱怨与悲观会导致失败。

礼貌会迎来成功。

要培养礼貌。

2. 如何培养礼貌习惯

　　礼貌并不是可以随意穿上或脱下的外衣，而是一种固有的思想习惯，是一种对待他人的本能态度。因此，培养并测试礼貌的最佳方法是：看你如何对待身边的人。

　　你是否经常礼貌地对待勤杂工，还是你从未把他们当回事？电梯管理员呢？来店里购买价值 10 美分缝线的老太太呢？缺乏礼貌的人从不把下级当回事，和下级说话时总是呼来喝去、盛气凌人。你是这样的人吗？你自己知道。

　　美式的商业"服务"理念其实就是要谦恭友善地对待各级客户，而并不仅仅是重要的大客户。旧时的商业理念等级划分现象严重，用今天的话讲，就是重视大客户，忽视或怠慢小客户。民主原则是始终平等地对待所有人。

　　看看小杂货商店的生意态势！这表明对于商人而言，小客户是多么的不可小觑。你永远无法预测小客户何时会变成大客户。因此，商务中的礼貌并不仅仅是要好好对待大客户，还要同样地好好对待小客户。

　　你对待小客户的态度与你对待大客户的态度一样吗？你自己知道。要坦白回答这个问题。

　　对于前来光顾的勤杂工、速记员、电梯管理员以及其他小客户，你可以在他们身上练习礼貌，直到你养成了真正的礼貌习惯为止。他们并不会介意你起初的拙劣表现——实际上，他们会感激你为他们所做的一切。

如今，你要下定决心令自己在底层雇员之中大受欢迎，你将会迈出第一步，培养出真正的礼貌。这种习惯将会延续到你的所有商务交易之中，将会给你带来无与伦比的收益。礼貌是一种无形的东西，它会"使人们喜欢和你做生意"，人们做生意主要是因为自己喜欢，而不是因为什么理性的原因。

你觉得你喜欢自己的生意伙伴吗？如果你不是很喜欢他们，那么可以确定，他们也不会很喜欢你。如果你学着去喜欢他们多一点，如果你努力喜欢他们，那么一些无形的东西将会影响他们，他们也会开始试着去喜欢你。

你今天就会这样做吗？你下定决心要每天坚持了吗？

有些人缺乏礼貌是因为太过专注于自己的生意，是无心的、无意的。

其实，他们的内心是友善的，只是没有停下来想一想表现礼貌的重要性。

你是这种人吗？

如果是，那么停下来想一想自己是否忽略了什么事情，看看花些时间，努力明示友善，养成友善的习惯，是否会带来什么不同。

你会立刻树立这种观点吗？

然而，也许你非常繁忙，以致无法友善地对待每一个人。你是这种情况吗？你认为这是怠慢许多人的好借口吗？

　　停止吧。如果你自己没有礼貌待人的时间，可以雇佣其他人来替代你。任何没有时间礼貌待人的忙人，无疑都能够雇得起秘书，可以让秘书友善、周到、礼貌地对待每一个来访者。

　　你是否认真地告诉过秘书：不仅要像你一样礼貌，而且要比你有时间时更加礼貌地对待前来你办公室的每一个人？

　　如果你没有这样嘱咐过秘书，那说明你自己还不够礼貌。

　　这是一个很难坦率面对的问题。你是否坦然地核查了自己的礼貌问题？

各行各业的最大成功取决于和他人相处，取决于尊重他人，取决于自己的行为举止给他人留下的印象。

Chapter 13
要主动创新

所有伟大的成功几乎都是主动创新的产物。

1. 进步需要创新

美国超级克虏伯创造者查尔斯·M. 施瓦布曾在描述大胆创新在其职业生涯中的作用时，对我说道："我花费了 1500 万美元研发被美国其他钢铁公司拒绝的处理方法。"

商务中的主动创新就如同金属中的镭一般——极其稀有，但最具价值。

美国在工业、运输业与制造业的创新方面有幸超过了所有其他的现代化国家。

是迷你玩具使美国的运输系统比世界上其他国家的运输系统更为发达吗？是主动创新、勇敢与一些果断的工程师，如亨廷顿（Huntington）、希尔（Hill）、卡萨特（Cassatt）、哈里曼（Harriman），还有哈德逊河道名人麦卡杜（McAdoo）。

是什么使美国成为全球摄影业与电影制造业的龙头？主要是乔治·伊斯门的主动创新，先是生产出了上等的干版，然后是创造出了顶级的相机，最后是带来了与爱迪生的活动影像发明相匹配的一流的电影制造加工流程。

是什么使美国能够向全世界供应收银机？是约翰·H. 帕特森无尽的创新，也就是后来的"代顿市救星"。

是什么使美国一直处在文明世界打字机制造业的领军地位？

是主动创新，是雷明顿公司、安德伍德公司以及其他一些不断进取的商人。

是什么利用电报与电话把世界连在了一起？是莫尔斯、菲尔德、贝尔与韦尔的主动创新，是全体美国人民的主动创新。

全球最伟大的人不正是令人敬仰的爱迪生？他不正是主动创新的化身吗？

另一个颇有声望的美国人乔治·威斯丁豪斯（George Westinghouse）推动了安全的高速铁路旅行，他创新式地提出了利用气闸制动的尝试。

梅纳· C. 凯斯（Minor C. Keith）这位谦逊的布鲁克林本地人创新地联通了两个美洲大陆，使得进步在悄然之中进行，终有一天，他的成就会比同时代人所给予的赞誉更加显赫。

美国，在全世界人的眼中，最具主动创新的品质。

其实，美国的诞生也是因为主动创新，因为有个人表现出了主动创新精神，这个人就是克里斯托弗·哥伦布。

所有伟大的成功几乎都是主动创新的产物。

创新的对立面是模仿——模仿者会受到轻蔑与嘲笑！大众会讥笑他们为"盲目的模仿者"。

我们为什么如此尊敬莱特兄弟所取得的成就？因为他们是创新与顽强的鲜活实例。

亨利·福特的地位与知名度在很大程度上应归功于他在所选领域的创新性。

在第二次世界大战中，人们大声疾呼"让我们主动创新！"

一位著名的将军在西部前线遭遇德军时说道："我不知道拿破仑会怎样拿下这个战壕，但我知道他总会找到一些方法。"

现代战争在很大程度上是创新性的竞争，即发明新型的毁灭性武器，再发明新式的对抗手段。

世界上有很多模仿者。

我们需要的是创新者，而非模仿者——是领军人，而非跟随者。

在当今世界上，最有价值的商品就是想法。

想法是主动创新的产物，想法衍生于主动创新。

创新之人考虑的问题总是要超越模仿型的竞争者。

进步需要创新。

一个人可以得到很多品质，但有些品质似乎是与生俱来的。

创新是一种难以培养的品质，除非本身的脑细胞善于创新。

然而，就当前的情况来看，我们比从前更需要主动创新。每天在制造业、运输业与管理业中会浮现出 1001 个新问题需要解决。通过采用老式的规则、模式与设备是无法解决这些问题的。解决这些问题需要原创的想法、需要足智多谋，需要主动创新。

"我的竞争对手都很想知道我是如何从东方进货并销往纽约的。"一位年轻的火线进口商说道，"铁路禁运与其他障碍对这种商品有很多限制。当然，我并没有告诉他们我的秘诀。"但他告诉我了，其实没有什么，只是在生意的每个阶段，利用知识进行卓越的创新。

这就是创新的主要秘诀——知识，了解自己的生意，外加坚定信心去思量每一个困难，直到想出解决方案为止。

今天，国家与企业对于主动创新、对于原创新型可行性设备与方案的能力、对于推陈出新的能力、对于针对世界大战拨乱反正的能力，设定了前所未有的奖励。

古语说：时势造英雄。而这就是主动创新的最佳时局。

然而，这种主动创新的品质与能力并不会从天而降，也不会意外地降临在某个个体身上，只有在人们做好吸引并接受主动创新的准备时，它才会到来，才会发生作用。

换句话讲，主动创新并不是上天赐予的礼物，而是学习研究、磨炼想象、敢于探索、清晰思维的产物——简而言之，就是要知道如何去做。

战争重洗了桌面上的牌。更确切点应该说，战争把全球各地人类中的小麦与人类中的糟糠区分开来。旧的声名日益消散，新的声名逐渐崛起。

高层的测试标语是：他能够主动创新吗？他能想出一个比旧方法更好的新方法吗？他能提出一些新式的、有效的方法吗？他的想法能超越敌人——也就是竞争对手吗？

巴拿马运河的建造者戈瑟尔斯将军（General Goethals），后来被任命为美国整个部队的军需官，他的工作职责是迅速解决各种各样的难题，为此，他对那些缺乏主动性的人训诫道："你们打算何时采取行动去实现自己的梦想？你们为什么还不开始？你们在等什么？你们的勇气哪去了？你们天生胆小吗？你们正在等待好事降临吗？正在等待影响力、等待推动力、等待某人来帮助你们吗？

我的朋友，如果你不行动，不把握机会，不愿意冒着失败的风险，那么你将会止步不前。如果拖延精神在你的血液中流淌，如果你已经养成了延迟、松缓、等待更好条件的习惯，那么你哪儿都去不了。首先要做的事情是开始行动。世界上充斥着失败者与平庸之辈，因为他们不敢开始，不敢行动。不敢开始将会造就数百万个无名之辈与数百万个失败者的墓碑。"

睿智的阿尔伯特·哈伯德（Elbert Hubbard）说道："世界只会把最高奖励，不论是金钱还是荣誉，颁发给一样东西。这种东西就是主动创新。"

殷麦曼（Immelman）之所以赢得了不朽的飞行员荣誉，在很大程度上是因为他主动创新了飞行策略，迷惑了空中的敌人。

主管整个英国海军的埃里克·格迪斯爵士（Sir Eric Geddes）在战前是个名不见经传的人物；但他很有思想，而且会坚守思想，直到引起政府的注意，最终，政府给他委派了一个从属岗位。他一步步地实现着自己的创新想法，最终赢得了世界上最伟大的海军的最高席位。

二战中，美国华盛顿涌现出的无名之士取得瞩目高位的事件相对较少，部分原因是因为当时盛行官僚作风、文牍主义、呆板官僚主义。

即便如此，商人们还是完成了很多不俗的任务——如今组织者放开了手脚，自然会有更多的人前仆后继。

在过去的年代中，无论是在军事方面，还是在商务方面，都没有如此迅速的晋升态势。我们需要的是能够独立思考的人，能够把握新条件的人，能够创新方法与程序的人、能够开拓新渠道的人。

抛弃过去的枷锁，摆脱习俗链条的束缚。对自己说："一切都在变化。我要如何统领并掌控新的规则，而不让新的规则控制我？"

商务与生活的河流正在迅速改道。你会随波逐流，不知自己会在哪里搁浅吗？

还是会奋发努力，自己做主——首先，调整自己的方向，然后向着目标奋进？

不要做懒惰的浮萍。

要做强壮的游泳者。

不要做追随者。

要做领导者。

不要模仿。

要主动创新。

2. 如何检测自己的主动创新能力

对于一个人而言，兼具其他品质的创新，较任何单一的创新，更具价值。第一种人能够在行业中提取精华，而借助模仿与篡改的第二种人，必须满足于仅能获取少许的利润差额。偶尔，第二种人会夺取第一种人的创新，因为在现实中，他在细节上的创新要多于原创者。第一种人会在行业中获取巨额的利润，情况通常也确实如此。这是合理获取巨额利润的唯一方法。

创新是多种品质的组合——主要有判断、理想、勇气。如果你不具备这三种品质，你便不太可能具备创新能力。然而，如果你具备这些品质，那么创新还不止这些——将判断与勇气用到实处，可以实现某人或大或小的理想，还有其他一些个人品质也可以支持这些品质，比如：坚持、热情、诚信、意志力、团队合作等等。

主动创新源于小事情，而非大事情。主动创新无疑会通向财富，但却是成百上千个较小的单个行为的积累。如果新的勤杂工看到椅子放歪了，帽子掉在了地上，墨水瓶空了，钢笔坏了，他不等吩咐，立即采取主动，他的老板会说："那个孩子很主动。"如果他等着老板吩咐，那说明他缺乏主动性。如果速记员在记录信件的过程中碰到了自己不知所云的词汇，而她具备很好的判断力与勇气，没有凭借猜测改写这个词，而是在记录下这个词之前，询问是否需要更换词汇，这就叫主动性；然而，如果速记员如实地写下这个词，事后说道："我记录的是你的原话。"这就是缺乏判断力与自助或勇气的表现。如果你是一位雇员，无论职位高低，你是会等待别人的吩咐，还是会自觉主动地完成应该做的事，或是主动探究自己不确定的事呢？

商务中的创新需要有实验经费，要愿意付出大量的金钱与大量毫无回报的努力，只为找出更有效的服务客户的方法，以超越世界上其他人所能提供的服务。创新者会说："我想要独占鳌头——我想成为行业第一，而非第二——我想对客户报以较其他人更加灿烂的微笑（而不是假惺惺的甜美），我想在交货方面比其他人领先几个小时，我想让我的商品市价最低，我想要最高的质量（虽然在芝加哥的街上，最为廉价的商场与连餐盘都能卖到100美元一个的优质商场，都可以获得巨额的收益，但优质商场的收益会更多）。——检视自己的生意，看看你究竟是第一还是第二。如果你发现了自己的不足之处，可以自主创新，看看如何才能胜过其他人。你必须思考，你必须行动，你必须坚持不懈——但最终，你必须证明自己能够主动创新。"

根据自己的最佳判断，把这些要点一条条地写下来。然后，倾注自己全部的意志力，付诸行动去实现理想。

要想知道这对你是否有所帮助，下面就是证明的机会——一次一小点。你会照做吗？

所有伟大的成功几乎都是主动创新的产物。

Chapter 14
你始终要做到诚信

在生命中的每个阶段，都能够做到坚守诚信的人，将会免受生活中半数诱惑与罪恶的毒害。偏离诚信的人将会发现一步错步步错。

1. 最好的市场面向着诚信之人

诚信是性格的基石。

如果一个人不讲诚信，那他将一无是处。

然而，这个历史悠久的基本美德却需要被重新发掘，重新推崇。

在商界、政界与外交界通常会无视诚信。

以前的企业及其创办人做事情时，一定不会想到今天的处事方式，因为我们已经树立了诚信的标准。

上一代人所认可的政界混乱情况，如今不会再纵容了，如果继续尝试，只会导致失败、耻辱与牢狱之灾。

即便是如今的外交，也要求做到公开、公正、坦率、道德。

诚信不再仅限于守法、远离牢狱、远离麻烦。

如今的诚信标准远远高于这个水平。

如今的诚信之人不仅会避免违法犯罪行为，而且还要尽量公平、正直、敢于行动与表现。

自从开始这个如群山一样古老的说教话题之后，我打开了一本内含诚信定义的书，我发现诚信并不是两三个词汇就能解释清楚的。下面就是书中为"诚信的"与"诚信"所下的定义：

诚信的——可敬的、公平的、正直的、公正的、开怀的、没有欺骗的、履行合同的、遵从协议的、说话算话的。

有道德的、耿直的、真实的、可靠的、可信的、值得信任的、尽责的。

诚恳的、不虚伪的、彻底的、忠实的。

高尚的、适当的、适宜的。

正派的、简单的、贞洁的。

诚挚的、率真的、坦白的、无保留的、朴实的。

诚信——廉政、诚实、正直、公平、公正、可信、忠诚、忠心、信用、没有欺瞒。

真实、老实、说话算话。

诚恳、彻底。

信誉、纯朴、美德。

诚挚、率真、坦白、朴实、真实、开怀、无保留、坦诚、实在。

你能全面理解诚信的含义吗？

前几天，我去了一家有名的银行。来客被一一告知某位股东不在。

从我坐的地方可以看到他就在办公桌旁。

几年前，一个男孩去求职，雇主向他逐一介绍岗位职责。其中有一条要求他必须得说谎。最后，老板问道："你想要多少薪水？"

"每年 2000 美元。"男孩迅速回答道，并站起身来。

"什么？你什么意思？"震惊的雇主询问道。

"我的意思是你出多少钱也无法让我替你说谎。"这个有勇气的男孩一边走出办公室，一边回答道。

　　幸好，雇佣骗子的需求正在减少。如今的雇主很少有不诚信的——诚信的雇主不会雇佣不诚信的雇员。

　　如今最好的市场面向着诚信之人。

　　以前，不诚信仅被视作书中的反面典型。如今，不诚信会被视作整个世界活动的反面典型。

　　当 E. H. 加里首次向钢铁信托的老派股东们提出：整个商业，无论是针对公众、立法机关、劳动者、竞争者，还是客户，都应在正当交易与诚信的基础上做到一丝不苟时，受到了他们的讥笑。当加里发现有些股东一收到季度收益结算表就偷偷离开办公室，去从事公司股票的买卖时，他大胆地改变了会议时间，以确保在股东们拿到结算数据之前，股票交易已经结束了。这样，报纸与公众就可以在股市有所表现之前几个小时收到信息了。

　　这种行为需要具备极大的诚信——实际上，除了诚信之外，还要具备高度的勇气。

　　诚信对于那些诚实守信的人而言很容易做到。

　　不诚信通常与贪婪和懦弱结伴而行。

　　"哦，我们刚开始欺骗，就编织出如此混乱的丝网。"是很有道理的。

　　过度的贪婪通常会导致某种形式的不诚信，而不诚信又会衍生出懦弱，因为"无欲则刚"。

　　如果你正大光明，要勇敢并不困难。

　　当你就广义层面而言，始终坚持诚实守信时，你根本无须撒谎。

在生命中的每个阶段，都能够做到坚守诚信的人，将会免受生活中半数诱惑与罪恶的毒害。偏离诚信的人将会发现一步错步步错。

拿破仑盗取欧洲最值钱的艺术宝库之后，所得到的诅咒之多，不下于他非人道的屠杀。

二战后期，德国军事贵族"弗劳尔"贪得无厌的强取豪夺引发了世界的愤怒。

在美国工业界，臭名昭著排行榜的首位非贺瑞斯哈夫迈耶糖业信托莫属。最终，他的不诚信令他以耻辱收场——人们私下评论，这都是由他一手造成的。

金融强盗抢劫铁路、牵引公司或工业组织已经不再流行。在如今的道德标准下，摩尔家族、里德家族、赖安家族与约克姆家族已经不受尊重。

如今有权势的董事们已经转向了诚信——不论是有意识的，还是无意识的。不过，大部分都是有意识的——他们只想雇佣诚信的高管与诚信的雇员。

雇主们已经明白：站在自己这边的对客户不诚信的雇员，一旦机会出现，也会倒戈相向，对自己不诚信。欺骗客户的雇员也时刻准备着欺骗老板，因为不诚信与不忠诚携手同行。

胸怀大志的年轻人首先必须认识到自己要坚守诚信的道路，如果自己不正确地对待自己，又怎么能正确地对待雇主。

克制自己不偷、不骗、不拖延工期，是不够的。

他必须深刻认识到不诚信地度过夜晚，将会使他无法在第二天提供最好的服务。

他必须感受到这一点，100% 的感悟。对雇主诚信，必然会合理利用时间履行职责，一天天、一月月，越来越好。

他必须认识到自己无法依靠雇主做到最好，只能依靠自己做到最好——通过自学、自律、理性娱乐、思想进步，无论在工作时，还是在娱乐时，时刻警示自己。

欺骗别人既是对自己不诚信，也是对雇主不诚信。

只有你自己知道你是否对所有事情都保持着诚信。

当我对艾奇逊—托皮卡—圣塔飞铁路公司总裁兼创办人 E. P. 黎普利（E. P. Ripley）说到这个话题时，他说：

"虽然，就理论上而言，雇员在当班时是凭借工作记录来做出评判的，在下班后，没有系统性地监测其习惯的手段。然而，如果他娱乐到很晚，那么在他的外表与工作中是能够体现出来的，通常而言，雇主是不愿意提升有着坏习惯的年轻人的。"

是的，诚信的意思远远超出了字典或任何一本同义词书籍的界定。

之前在商界曾被误以为的诚信行为，无法经得住今天的检测。标准石油公司总裁 A. C. 贝德福德（A. C. Bedford）说道："除非以公平、诚信的方式经营生意，否则长远看来，生意一定会凋零。我迫切希望步入商界的年轻人能够首先培养良好的诚信，也就是说，无论在何时何地，你的行为都要符合社会责任的最高标准。但是要记住情况是不断变化的。20 年前所允许的行为，在今天可能是违法的。这是因为道德思想在不断进步，理想理念在不断升级。《圣经》是最好的准则。"

在询问克里斯汀·格尔（Christian Girl）选择助手时的标准时，他回答道："我想找诚信、热情的真正智者。"可以看到，他把诚信放在了第一位。

"绝对诚信、正直。"罗伯特·杜勒指出了所有成功事业建立的基础。

如今，必须要坚守诚信。

诚信既包括思想活动，又包括实际行动。

衡量诚信不仅要靠外在的民法，还要靠内在的道德标准。

"我不想要聪明的，我只想要朴实、努力、诚信的伙计。"弗兰克· A. 范德利普在向我描述他挑选年薪 2.5 万美元的用人标准时这样说道。

过去，聪明很值钱，诚信不值钱。

如今，聪明不值钱，诚信很值钱。

如今，为了能够让你的服务更有价值，你首先、最后、始终要做到诚信。

任何雇主——任何人——在内心深处，都不愿意雇佣不诚信之人。

最重要的是，当不诚信之人在不眠之夜静静地反思时，会毫无自尊可言。

诚信不仅会带来金钱方面的收益，还会带来内心的平和。

不诚信是下下策。

2. 如何培养基本的商务诚信

必须把全部的个人诚信灌注到服务态度之中，虽然我们通常把服务看作是在商业中向客户提供的，而把诚信看作是别人向我们提供的，特别是卖东西给我们的人，或是我们向对方付钱的人。为了方便起见，在这里我们将会探讨你作为客户、买家的态度与作为公司雇员的态度。

我们所有人都要承担多种职责。有些职责需要我们主动承担，并要全权负责。有些职责我们会较为松懈，我们会强行说服自己，没有认识到事态的严重性，或是情况改变了。试图逃避所有小错误与小疏忽带来的惩罚是人之常情，而这正是挑战诚信之处。很少有盗用公款者是经过精心设计从雇主那里骗钱的。一个人要成为盗用公款者，必定会由于这样或那样的软弱而陷入困境。当他发现自己把几条路都堵死了，当他看不到其他出路时，就会盗用公款。导火线始于第一次软弱的沉沦，我们很多人都处在盗用公款的初始阶段，我们允许自己在这里放纵一下，在那里放纵一下，确信自己永远不会跨越这条线。让我们检视一下自己，看看我们所处的位置，看看我们究竟有多诚信。

其实，正直没有级别划分——要么是绝对正直，要么已经开始腐败，很快将会自食其果。

关于诚信，最重要的是：它是纯个人行为。很多人以为如果无人知晓，特别是在无人在意的情况下，我们的所作所为不会带来太大的危害。但是，我们自己知道，当我们开始摇摆不定就会行差踏错，我们的灵魂会被腐蚀，我们需要勇气才能救赎自己。如果你处在这种情况下，那么越快领悟越好。

拿出一张纸，如实写下如下这些问题的答案：

你是否收受过意欲向你的雇主销售货物的人送来的礼物？如果有，那么你会因为受贿而内疚，无论是否有很多人都这么做过，无论受贿的时候是多么公开，无论你如何对自己强调这样做并无危害。

你是否经常在有钱的时候延迟支付账单，以损害他人的利益为基础，暂时将这笔钱挪为他用？富有之人经常这样做，他们对自己说这是无心之失，因为太忙所以疏忽了；但这与侵占他人的财产毫无区别，尽快抽时间支付账单是你的责任，是诚信的表现。

如果你是挣工资的人，你忽然发现自己是孤身一人，没有人监督你，而且你知道没有人会来检查你的工作，你会感到自由吗？你会觉得自己无须工作了，可以去抽根烟休息会儿，或是去做些其他的事情吗？任何无法对自己的工作时刻持有相同责任感的雇员，很容易受到诱惑而变得不诚信，这个问题应该立刻引起重视。

这些仅仅是引导性的问题。你必须以自己的方式罗列出自己具体的工作记录。

在生命中的每个阶段，都能够做到坚守诚信的人，将会免受生活中半数诱惑与罪恶的毒害。偏离诚信的人将会发现一步错步步错。

Chapter 15

健康是勇气、胆识
与成就的基石

正如军队会把不健康的人拒之门外一样，如今的雇主也会把不健康的雇员拒之门外。

1. 要想取得成功，首先要有良好的体魄

良好的健康状况对于赢得战争至关重要，就如同好枪、好炮、好飞机一样。

然而，我们在家也要如同在战壕中一样，拥有良好的健康状况，因为我们的第二防线就是在家时的生产力——是的，我们的第一防线是在前线，如果第二防线松动了，那么第一防线也无法维系。

第二次世界大战期间，不良的健康状况加速了德国及其盟国的溃散，很多报道记录了德国、奥匈帝国与土耳其的半饥饿与疾病猖獗的状态。一支病态的军队是无法打仗的。

令美国最为欣喜的是，综合迹象表明我们士兵的体质与健康状况都好于欧洲的其他部队。

据分析，战争的最后胜利将属于那些能够长时间维持身体健康且装备充足的部队。

我们士兵的健康状况很有保障，这种保障是史上其他部队前所未有的。

然而，待在后方的我们，情况又如何呢？我们意识到保持健康的重要性了吗，意识到沾染无谓疾病的罪恶了吗？

今非昔比，如今的健康不仅仅是个人的事情，不仅仅是宗教

方面的事情，不仅仅是雇员对雇主的责任，不仅仅是长辈对后辈的责任。

我们的健康如今是至关重要的军事考虑因素。

怎么会这样？为什么？

首先，只有健康的人才能生产必需品，为战场上的军队提供装备与物资。

其次，家中的每一起疾病都会消耗医护人员的时间与注意力，从而妨碍他们全心为军事目的服务。

不良的健康状况会减损国家与个人的元气。

当国家投入全部力量与强大的敌人做殊死搏斗的时候，良好的健康状况是不可或缺的资产。

在英国，曾一度因为战争急需物资产量锐减而敲响了警钟。调查表明，严重的超时工作以及每周没有休息日正在减损国民工作者的元气、效率与健康状况，为了重新赋予人民活力，政府颁布法令缩短工作时间，改善工作条件。如果英国人民的健康状况到了无可挽回的地步，那么在美国发起致命攻击之前，这场战争就已经输了。

无论是在战争时期，还是在和平时期，一个国家的真正财富与真正实力并不仅在于物质资产，更重要的是其国民的健康状况——强健的男人、结实的女人、快乐而健康的儿童。

只有强健的人——眼清目明、神经稳定，才能够趴在战壕里，利用完美的射击技术消灭敌人。只有这种体魄健壮的人才能够扛起巨大的枪支，以精准的角度瞄准，响应现代战争的需求。只有这种体魄健壮的人才能够在飞机中、在坦克里、在肉搏战中，战胜受过训练的敌人。

每一个生病的士兵都是军队的弱点。每一个生病的公民都是国家的弱点。

病人消耗的不仅是食物与药品，而且还会消耗医护人员与护工的时间与服务。

在战争时期，如果是在可以避免的情况下生病了，那就是不爱国，就是对国家的犯罪，就是在帮助敌人。

古代伟大的智者塞内加（Seneca）说："人们不会死；他们只会自杀。"

纽约公共卫生局告诫人们："要保持健康，不要破坏健康。"

人由身体和思想（或灵魂）组成。身体是我们执行思想命令、指令与要求的媒介。

如果我们的媒介出了问题，如果我们放任媒介受损，那么它们将无法完成思想的要求。

诗中说：

爱、荣耀、财富、力量，

都无法给予内心快乐时光，

要及时醒悟，一旦失去健康，

所有欢娱的感觉也会随着健康飞逝。

健康意味着高效能。

疾病意味着无效能。

健康意味着乐观、开心、快乐、生活的乐趣。

疾病意味着悲观、沮丧、痛苦、不满。

健康是勇气、胆识与成就的基石。

疾病将会导致紧张、恐惧与失败。

健康能够激发活力，给人以力量。

疾病将会损耗元气，令人衰弱。

患病之人会太过专注于自己的痛苦与病情，以至于不能为他人着想或帮助他人。

很多人认为果卡斯（Gorgas）在巴拿马为人类所做的一切，比戈瑟尔斯所做的事情更为重要。戈瑟尔斯对世界宣称那里将会建起一条运河；果卡斯宣称科学能够让受到疾病侵袭的高烧不退的国家得到健康，变得适合居住。

如果没有健康，不论是国家，还是个人，都无法达到巅峰状态。

健康是我们最宝贵却又最不重视、经常滥用的财富。

在所有疾病中，大概有四分之三的疾病是自己引发的，也许是因为自己的某种不明智的、轻率的、未经考虑的行为；也许是因为父辈的原罪而遗传了疾病，甚至会延续三四代人。

本杰明·富兰克林说过："要延长你的寿命，先要减少你的食量。"

他的这句名言很有道理。

再引用纽约市健康部的一句话："公共健康是可以买到的。在自然极限的范围内，一个社区可以决定社区内的死亡率。"

过去还没有国家、企业与个人忽视过如此重要的问题。

在美国常年有 300 万人罹患重病。据统计，这会消耗国家 60

亿美元，除了实际的货币之外，还有流通的金、银与支票！

然而，人们已经听到了警钟。战争要求对抗所有可能引发疾病的力量。通过对数百万达到入伍年龄的人进行体检，令国民意识到全境都需要采取预防措施。

强健体魄的重要价值引起了前所未有的重视。

所有人突然意识到，健康不仅是个体可以拥有的最高财富形式，而且是我们对抗外来敌人的基础力量，是我们国家安全的基础，是我国立足于世界各国人民之间的基础。

我们当中有多少人会像关心财产那样关心健康？浪费金钱与浪费元气、健康及生命相比，孰轻孰重？

我们注重维护汽车的良好运行状态，我们注重维护钢琴的音色，我们注重保养刮面刀的刀刃。

我们是否也同样注重维护身体的良好运行状态，维护健康的完美音色，是否像保养刮面刀一样注重心态的保养？

每个政府与个体的首要目标应该是达到古圣贤所说的状态："健康的身体中要有健康的思想。"

如果没有健康的身体，那么不大可能拥有健康的思想，因为经验让我们明白：如果我们滥用身体，如果我们过度疲劳，如果我们超越了身体的极限，那么思想将无法充满活力且兴致勃勃地自发运转，而会变得萎靡、麻木、倦怠、低效。

正如军队会把不健康的人拒之门外一样，如今的雇主也会把不健康的雇员拒之门外。

世界各地的很多大型企业都要求员工在就职之前进行全面的

体检，体检结果很受重视，这种做法很快将会成为通行做法。一些进步企业还会组织全体员工进行年度体检或半年度体检，要求思想、身体与经济得到全面的健康发展。

如何保持最佳的健康状态？

古语说得好："良好的品行意味着良好的健康状态。"

十条简单的"健康戒条"如下：

好习惯。

好食物。

充足的睡眠。

清新的空气——深呼吸。

充足的运动。

充足的水分——外在与内在。

明智的穿着。

正确的思想。

工作。

不要忧虑。

最好记住赫伯特·斯宾塞（Herbert Spencer）的一句话："要想在生活中取得成功，首先要有良好的体魄。"

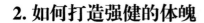

2. 如何打造强健的体魄

诚然，有些人天生强健，有些人天生体弱，这种情况无可避免。然而，我们每个人都可以精炼自己现有的体魄，毫无疑问，体弱多病之人通过锻炼与呵护也能打造出强健的体魄。我们大多数人都有很好的先天条件，只要我们能够善用现有的条件即可。我们的问题都是因为养成了难以改掉的坏习惯，或是难以摆脱的恶劣条件。

你是否知道——你是否想过——影响身体健康的因素有哪些？大多数人都是在得了重病以后才开始思考这个问题，那时才探究之前对身体的滥用已经太晚了。等到那个时候才想办法不是太愚蠢了吗？现在就来和我一起检测一下你的身体情况吧——如果有需要，也可以在医学专家的帮助下进行。

你的肌肉情况如何？你能够小跑 1 英里吗？你能够抓上门框做引体向上吗？你能够平躺在地上，快速连续地做 10 个仰卧起坐吗？

如果你能，那么你的肌肉情况还不错。如果不能，你需要系统化的肌肉练习，从一组肌群扩展到整个身体。每天早晨锻炼 15 分钟，或是每周以正确的方式进行多种等量的运动，可以帮你强身健体。

你的消化情况如何？通畅、健康、规律，体重正常不下降？还是有胀气、便秘、体重减轻等其他问题？你在服用消化类药物吗？任何服药的人都没有找到正确的方法。治疗消化问题的唯一方法，最彻底、最有保障的方法是正确的饮食——简单、适量、营养均衡，即富含维生素的水果与绿色蔬菜；一些粗粮，如麦麸与粗谷物；不要像很多美国人那样吃大量的肉，也不要像很多年轻人那样吃大量的糖。

你的肺部情况如何？你在冬天会感冒吗？如果感冒了，只能怨你自己，感冒会引起肺炎或肺结核，这是当今美国的两大疾病。首先，看看你的胸腔扩张是否正常，应为 3 ~ 4 英寸。其次，可在户外睡觉，白天时要坐在通风的办公室中（毫无疑问，这些事你需要逐一学习，只要稍加实践即可）。

你的神经情况如何？你的睡眠好？你会忧虑吗？你需要放松神经，需要休息、娱乐与社交——任何可以适度松弛长期紧绷神经的活动，睡眠要适度（不要过多或过少）。如果你能够遵照这些要求，那么无须从根本上改变生活方式，即可拥有健康的神经。

很多人说自己没有锻炼的时间（每周 3 小时的正确运动能够保持良好的身体状态，你是说你每周连 3 个小时的时间都没有吗？）；说自己无法控制饮食——必须食用公寓提供的饮食（那个人一点创意都没有）；说自己无法忍受寒冷的新鲜空气，而且不知道该如何放松神经（出去挖坑，直到出汗为止，这样也可以放松神经）。你是这种彷徨无助的人吗？你一定不会认同吧！如今，是否要改善这四点决于你自己——现在行动吧。

正如军队会把不健康的人拒之门外一样，如今的雇主也会把不健康的雇员拒之门外。

Chapter 16

口才对到达成功的巅峰
至关重要

没有雇主愿意雇佣对俚语情有独钟的雇员，其他人也一样，他们更愿意雇佣那些用词贴切，能够清楚表达思想，且声音和蔼、悦耳的雇员。

1. 让你的言语总是优雅和善

你的舌头就是你的方向舵。

它掌控着你的生活路线。

你的舌头同时也是你的精神指引。

语言能够反映出你是否受过教育，是粗俗还是优雅，是细心还是粗心，是刻苦还是草率。

《圣经》把舌头形容为"难以驾驭的器官"，因为它很难控制。

然而，如果一个人无法控制自己的舌头，那么他便难以取得恒久的成功。

掌控舌头与言语对于成长和进步至关重要。

学习何时开口不会"失言"。

把整个自我，最佳的自我，灌注在语言之中。

我们的舌头是我们常伴左右的广告。

通过舌头，我们可以宣言自己是什么样的人，能够提供什么。

如果我们像鼓一样响亮而空心，那么我们的舌头将会揭示真相。

如果我们没有教养、内心粗野，那么我们的言语将会出卖我们。

如果我们思想倦怠、萎靡、散漫，"难以驾驭的器官"将会表露无遗。

另一方面，如果我们热心、警觉、严谨，如果我们学识广博，充满智慧，我们的言语也会忠实地表现出来。

语言艺术是所有艺术中最重要，同时也是最容易被忽视的艺术。

语言艺术与写作表达的艺术息息相关。

这两种艺术——说与写——构成了全部人类活动、商务与社交的大部分内容。

很多年轻人因为自己出色的语言与写作能力获得了晋升。

在公共生活中，口才艺术对于到达成功的巅峰至关重要。

那么，人们为什么会如此轻视培养恰当的语言习惯呢？

主要是因为正确言谈的重要性还没有得到广泛的认识。

一个人可能会干坐在那里，啃咬笔头 5 分钟，想不出如何写出一个简单的句子；同样是这个人却可能在 30 秒内出口成章。

原因是写作语法的重要性得到了人们的认识，而言谈语法的重要性却没有被人们所认识。

在谈话时，很多人懒得组建正确的句子结构。他们把涌到舌尖的词汇脱口而出，完全不考虑这些词汇表意的准确性。

没有受过教育的人一般都有几个固定的词汇，他们会翻来覆去地使用这些词汇，无论这些词汇的使用是多么得不合时宜。他们懒得思考用哪个词会比较合适。

然而，即便是受过教育的人，无论老幼，也经常会在言谈中滥用一些老套的、不恰当的俚语。

"快跑""当然""相信我""你说呢""我不是""我不知道""够了吗""算了吧""你有病""你信口开河""听着""你翻车了"——这些都是经常使用，但却应该避免使用的表达方式。

很多人每天会使用一两个形容词的最高级或是感叹词，但却经常用错。

忽视培养正确语言习惯的根本原因是什么呢?

懒惰。

年轻人总是以为一开口能蹦出几句俚语是极度聪明的标志。还有些人使用俚语主要是因为欠考虑，他们没有考虑到这样说话会给他人留下怎样的印象。

对于正常人而言，符合语法的表达与温和悦耳的声音是可以培养的——是的，音调可以刺耳也可以悦耳，可以尖锐也可以甜美。

对于关注语言重要性的认识还处在人类文明的起步阶段。

《智慧之书》中写道："温良之舌是生命之树""让你的言语总是优雅和善""睿智之舌是健康""卓越的言谈可以令人不愚昧""舌头的力量掌控着生与死""义人的舌，乃似高银"。

如果卓越的言谈与愚昧相悖，那么粗劣的言谈与智慧也非同路。

由于我们都渴望——或者说应该渴望——具备不错的理解力，因此养成良好的语言习惯明显是我们的责任。

没有雇主愿意雇佣对俚语情有独钟的雇员，其他人也一样，他们更愿意雇佣那些用词贴切，能够清楚表达思想，且声音和蔼、悦耳的雇员。

我注意到一些虽然连小学都没有上过，但却非常成功的金融家与行业领袖，他们的用语都非常准确，他们清楚地认识到如果想要像受过教育的人，如果想要给人留下好印象，那么一定不能使用粗俗的文盲用语。

我想起两位在国内非常有名的富翁，他们都"被语言出卖了"。

一个是南方人，他从未改掉典型的黑人用语与发音；另一个以前曾是纽约州的农民，他受过的教育较大多数白手起家的商务领袖都要多。

约翰·D. 洛克菲勒选择词汇时十分讲究，不亚于从前挑选石油的劲头。

虽然安德鲁·卡内基在幼年时受过的教育非常少，但却成了出色的公众演说家，他还写了几本书。

鞋业制造商威廉·L. 道格拉斯虽然从未接受过基础教育，但却成为马萨诸塞州的州长。

汽轮与木料的领军人罗伯特·杜勒船长在年轻时不会写字，但后来他的说、写能力都很出色。他的回忆录非常值得一读。

在我所交谈过的所有商人中，我最喜欢听纽约国家城市公司总裁查尔斯·E. 米切尔（Charles E. Mitchell）讲话。每个句子都直入主题、发人深省、铿锵有力。他传递出了热情，激发了挑战欲。在与他交谈之后，你会想要冲出去，把日程表上最难解决的问题解决掉。

虽然米切尔先生恰巧接受过良好的教育，但他言行中的活力与力量并不仅仅都是因为他所受的教育。

成为健谈者的最佳方法是先学习要说的话。

缜密的思想必定先于缜密的谈话。

空洞的思想只会导致空洞的谈话。

学习良好的谈话方法能够提升思想，一旦把注意力集中在自我提升方面，将会在各个方面取得显著的进步。实际上，专注于改善自身言语的人，还能在无意之中使自身的其他方面得到升华。

2. 如何培养语言能力

驾驭语言需要分别学习几个不同的方面：

音色与发音；

词汇的选择；

拼写、语法等专业知识以及句子结构、段落与整篇文章。

你的声音甜美、流畅吗？聆听自己说话几分钟，听听你的声音是否"如音乐在耳"，是这样吗？拿起一本书，大声朗读一个段落。如果你的声音尖锐而刺耳，忽大忽小。那么压低声音，直到能够以纯净、平稳的音调阅读书中的段落为止。然后通过以下元音强化练习：a-a-a-a-a-a, ah-ah-ah-ah-ah, e-e-e-e-e-e, o-o-o-o-o-o（i 和 u 是复合音，不适合这个练习）。经过每天几分钟的练习，你很快就会摆脱那种困扰很多美国人的尖锐而刺耳的音调。

你的发音准确吗？你自己是听不出来的。你已经听惯了自己的发音，觉得没有什么问题。你可以去找一个发音平稳、悦耳的专业人士，让他朗读书中的几个词，然后你跟读；让他朗读整个句子，然后你再跟读，以此类推。学习他们对每个词汇的发音，与你自己的发音做比较，让他纠正你的发音。这样，你至少可以学到清晰的发音，除此之外，可能没有其他方法了。

　　词汇的选择取决于是否拥有好的词汇，是否能够有效地利用这些词汇。拓展词汇的最佳方法是专门阅读一些好书，注意书中的词汇及其用法。很多人缺少的并不是庞大的词汇量，因为即便他们使用了很多词汇，别人也未必能够理解。他们需要的是如何通过比喻、强调与列举等修辞方法，善用现有的词汇。文学大师，特别是小说家，会把这些有效的修辞方法应用在他们的著作中，而学习这些表达方式的最佳方法是每天抽出一小时的时间去阅读他们的著作。你有这种阅读习惯吗？在你阅读的过程中，你注意过作者的表达方式吗？如果是用在写作中的用词，最重要的是运用想象力，想象读者正坐在你办公桌旁的椅子上，这样，你在写作时，可以假装是在与他面对面地谈话。最佳的书信写作就是纸面上的谨慎谈话，只有你想象着对方，注视着他的双眼，才能通过手中的笔与他交流。在如今的写作与公众演讲中，最可行的方式就是采用对话的形式。律师已不再是"演说家"，他们只是在以商业形式与陪审团交流。牧师是在与信徒交谈，而不再是向他们训诫布道。写信是最简单的纸面交流形式，交流时必须谨慎。口述信件是锻炼谨慎交流能力的最佳方法。你在写信时，是否想象过对方正坐在你的面前？你今天会开始培养这种习惯吗？

　　掌握拼写、语法及标点等专业知识是受过教育之人的主要标志，一个人的受教育程度有 99% 是通过这些来判断的。你的问题在于你并不知道自己对这些知识的掌握情况。首先，你要检测自己，看看你的语法是否达到了语法学校的标准，是中学标准，熟练速记员的标准，还是大学标准（最高标准）。你会写"all right"还是"alright"（第二种写法通常是绝对错误的）；"between you and me" 还是"between you and I"（第二个是错误的），"each of those boys and girls are working hard"还是"each of those boys and girls is working hard"（第一个是错误的）？在下列情况下，你会在"who"的前面加逗号吗？"The man who gave me this book is named Jackson"（不应使用逗号）。"That big man who is standing just on top of the upper step is the president of the bank"（在"who"之前与"step"之后，应该添加逗号）。以上是五个简单的例子。如果你内心明确知道应该选用哪种形式，那么你的语言知识相当不错。如果你对所有选项都感到犹豫不决，那么你的语言功底很不扎实。如果你能够确定其中的两三个选项，而对其他的犹豫不定，那么你需要参加培训课程。你可以通过写信（自我纠正）获得良好的初级英语课程。很少有人在学习语言时是从基础学起，而这正是他们应该做到的。

没有雇主愿意雇佣对俚语情有独钟的雇员，其他人也一样，他们更愿意雇佣那些用词贴切，能够清楚表达思想，且声音和蔼、悦耳的雇员。

Chapter 17
伟大的成就源于
投入热情的坚持奋斗

只有热情奋斗之人才有希望铸出一串合适的钥匙，用正确的方法把它们组合起来打开通往成功的大门。

1. 热情是成功的催化剂

脏污的矿石经过高温的熔炼，才能变成闪亮的精钢。

热情像一股强大的电流，让行动的引擎保持高速运转。

迟钝冷漠的头脑永远产生不了才华横溢的设想。

三心二意的态度也绝不会换来全面彻底的成功。

热情是安装在"进步"这艘航船上的螺旋桨。

任何伟大的成就，都源于投入热情的坚持奋斗。

碌碌无为是冷漠之树注定结出的果实。

杰作只能在熊熊燃烧的思想火焰中诞生。

"学问必须合乎自己的兴趣，方才可以得益。"洞明世事的莎士比亚曾经写下这样的话语。

而人类的事业无论大小，都是从热情这一母体中孕育出来的。

遍寻史迹，你会发现每个伟大的商业组织的创建者和奠基人都是不折不扣的热情主义者，是那种不达目的不罢休的"偏执狂"，完全信赖自己的力量，对"一分耕耘，一分收获"的理念有着坚定不移的信仰。

标准石油公司，史上最庞大的、诞生于个人设想基础之上的工业组织，就是著名的"狂热分子"约翰·D.洛克菲勒创立的。

前无古人，后无来者的"烟草大王"詹姆士·B.杜克（James

B.Duke），在其一文不名的青年时代告诉自己："我会在烟草行业取得像洛克菲勒在石油行业那样巨大的成绩。"正是这种无与伦比的热情促使他一路走向成功。

如世人熟知的那样，亨利·福特一直是热情主义者的典范。在他困苦失意的沮丧时刻，面临攻克汽车发动机技术的紧要关头，正是取之不竭的热情把他从失败的边缘挽救过来。

锐不可当的热情主义者爱德华·H. 哈里曼（Edward H. Harriman）曾经宣称："只要让我成为公司的 15 名董事之一，我就会把所有的事务承担下来。"在一次著名的商业调查活动中，他对一位检控主任说："如果您同意的话，我会把这个国家的每一条铁路都买下来。"在短短的 12 年中，通过奋斗，他从默默无闻的小人物一举变为世界上最有实力的铁路大亨——而且，在他生命的最后 10 年里，几乎每个月都有 100 万美元的进账。

著名的矿业工程师约翰·海斯·哈蒙德（John Hays Hammond）曾经告诉笔者："我宁愿穿越沙漠或者爬上高山去视察一片新发现的矿藏，也不愿把平时的日子浪费在诸如看戏这种只要走过大街就能办到的娱乐活动上。"

读到这里，您可能会想起罗斯福总统，是的，当人们问他是怎样应付白宫办公室里面烦冗的日常工作的，后者的回答是如此简单："我喜欢我的工作。"

是什么让比利·桑戴（Billy Sunday）成为一名蜚声全国的福音传道者？

是什么力量把罗伯特·皮瑞（Robert Peary）带到了遥远的

北极？

是什么支撑着爱迪生夜以继日地从事繁重的发明工作？

这些人不正是热情主义的典型代表吗？

古希腊人把热情比作一位存在于每个人身上的神明。

历史难道没有向大家证明，有了热情，即使是那些看上去只有"超人"才能做到的事情，也会为普通人所攻克？

热情如同发电机一样，源源不断地供给我们能量。

热情主义者自然而然地被热情推着向前走，不需要任何人拉他们一把，因为他们始终走在最前列。而游手好闲的麻木之人，则被远远地甩在后面。

漠不关心和愚昧无知注定失败，热情探究和积极求知引发成功。

为什么国家收银机公司、英格索尔手表公司、西蒙斯五金公司等以进取和扩张闻名的企业，坚持保留为推销员举行集会的传统？个中原因简单说来就是为了激发与会者的热情，促使他们加倍努力，点燃其内在的野心。

如今的企业雇主已经无法保证公司所有重要岗位的负责人都是对工作充满热情的人。

为了唤起足够的热情，你必须相信自己所做的事情是正确合理的、必将取得成功，并能给社会带来一定的益处。

乔治·W. 珀金斯（George W. Perkins）曾经拒绝成为 J.P. 摩根的合伙人的邀请，他讲过事情的原委："我相信人寿保险的真正价值，我对这个行业本身充满热情，而不是单纯为了赚钱。"

一年之后，他最终成为摩根公司的一分子，也是因为人家接受了他的条件，允许他继续在保险行业发展下去。

一位鲜为人知的雕刻家曾说："尽力创造一些美丽的作品比收到百万美元的报酬更有意义。"这位艺术家常常生活窘迫到连下个月的房租都付不起——然而他的作品之一，却被作为礼物赠给法国政府，并且即将在罗浮宫得到一块永久性的展位。

热情是成功的催化剂，是照亮灵感的明灯，是温暖孤寂的奋斗之路的火把。

热情也是生活和工作的调味剂，有了它的调适，单调的细节有了色彩，枯燥的过程变得有趣。

失去热情的人，同时也输掉了比赛。

保持生命长久活力的万灵药，是时刻保有热情。

热情使你的心跳加快、双眼放光、行动敏捷。

冷漠是懒惰的孪生兄弟。

对于懒惰者来说，成功的门槛太高耸、太陡峭，不适合他们攀爬。

只有热情奋斗之人才有希望铸出一串合适的钥匙，用正确的方法把它们组合起来打开通往成功的大门。

2. 怎样培养热情

热情，是从事商业之人的性格基石，进行推销活动、写推销信或者创作广告的时候，这种品质显得尤为重要。

多年以前，一位 16 岁的男孩走进 A. W. 肖（A. W. Shaw）公司的办公室，希望得到一份通信员的工作，他被录用后每周的薪资定为 12 美元。这个男孩 14 岁就离开了学校，几乎算不上受过教育——特别是缺乏担任这一职务必要的一些知识的学习。但是他对自己的工作充满了热情，不久，他写出的热情洋溢的商业函件就为公司带来了大量的订单，人们阅读他的文字时被他的热情深深感染，他们会很想为这个年轻人做些什么，而最简单、最合适的做法莫过于填写一张订单表格寄回去了。

就这样，三年之后，男孩的薪水达到了 2500 美元，当他准备跳槽到一家待遇更优渥的公司时，肖先生向他承诺，只要他留下来，就可以得到占据公司业务总量（主要靠他的推销信函之力）2% 的佣金。就在那一年，公司的业务攀升到近 40 万美元，男孩的佣金理所当然地达到了 8000 美元，这完全是凭借他本人热情积极的工作态度挣来的一笔财富。

如今，昔日的这位年轻人成为皇家服装公司的销售经理，每年可以得到 25000 美元的薪资。

那么，各位亲爱的读者，怎样才能培养出自己对某项工作的
热情呢？

首先，请说服自己，你的身上具备着令自己产生热情的东西。
如果你身处一个自己无法喜欢的行业，坚持留下来就未免显得愚
蠢了。

因此，请专心从事一项自己喜欢、并且对其前景充满信心的
工作，然后看看你能通过努力工作为社会大众做些什么。

下一步，克服个人性格中任何过于谦逊或者柔弱胆怯的倾向。

有些人认为对个人能力过于自信和宣扬未免有自大之嫌，
如果你本身就具备一定的能力，总会自然表现出来、从而为人
所知的。然而事实并不是这样，恰恰验证了"酒香也怕巷子深"
的说法。

在美国，对某人的评判，往往以其思想和言论为依据，即使
公众对这些说法也会抱有一定的怀疑态度，但个人的自我评价绝
对是别人评判你的主要依据。

假设公众利益是一块大蛋糕，如果你能够提供他们需要的产
品或者服务，那么就相当于帮了大家的忙，公众就会根据你对社
会做出的贡献给你相应的回报。

实际上，大部分商业巨头都是利用一些特殊的自我激励方式，
把对事业的热情从内心深处"抽取"出来的。

激发热情的最好方法之一，就是在纸上写出你的心中所想，
无论你是在构思一封推销信，或者准备一场以推销为目的的会谈，
甚至是申请某个比较重要的职位，都可以利用这个办法把你的热

情保持在适当的状态。

你为什么要热衷于某件事？请坐下来，找出纸笔，一一列出你的论点和论据，尽最大所能把内心迸发出的热情诉诸笔端，倾注到你的措辞、语气和文章的整体气势中去。

然后，请细细检查一遍整篇文字，看看它是否只是一些空有热情、毫不涉及实质的空话，空话不是真正的热情——仅仅是对热情的模仿。

只有面对真实的事物才能产生真正的热情，而且仅限于那些值得你付出热情的事物。

如果你发现写下的东西空话较多，不妨再试一次，这次请把一些有说服力的事实加进去，用热情洋溢、坚定不移的语气把这些事实对自己讲述一遍。如果能天天进行类似的练习，你一定会发现，自己正以令人惊诧的方式对某件事物建立起全面长久的热情。

Chapter 18
信誉是个人和企业的重要资产

信誉往往和善意紧密联系在一起，它们不仅能为你打开事业成功之门，而且还将亲手为你打开天堂的大门。

1. 个人的名誉有时比公司的信誉还要重要

信誉是个人和企业的重要资产之一。

某些公司的资产负债表上，在"信誉"一栏中往往填写着数百万美元的价值，F. W. 伍尔沃斯公司对其自身信誉的估值，竟然高达 5000 万美元。

一些产品制造商——比如衣领生产商——认为信誉的价值高于整个工厂的资产价值。

信誉，作为一种商业意识，相当于一个人的名誉。

良好、持久的信誉，不是凭着广告或者花费数百万美元对某种产品，或者某个公司的优点自我宣扬一番就能换来的。

而一旦失去信誉，则如覆水难收，无论任你怎样努力，都无法再次将它挽回，正如谚语所说："名誉一毁，万难挽回。"

个人的名誉有时比公司的信誉还要重要。

信誉大致可以分为两种，一种是发自每人内心的自我感觉和自我评价，另一种是我们对别人的感觉和评价，反过来说也包括别人对你的评价。

为了赢得良好的信誉，我们必须表现得名副其实。

获得信誉如同耕种庄稼，想要长久地收获信誉的果实，必须提前付出百倍的辛劳。

"种瓜得瓜，种豆得豆"。如果我们心怀反感和憎恨、毫无一丝宽容与慈悲，如果我们的心灵与猜疑为伍，那么，我们必定会在他人身上激起同样的反应和情感，别人也会这样对待我们。

有人把身边的世界比作是一面镜子，有人把它比作是山谷中的回声，还有人将它比喻为一座银行——世界是我们自身形象的倒影，是我们言语的回声，我们有怎样的付出，它就加上利息，成倍地偿还我们。

换言之，每个人都是自己世界的缔造者，无论天堂或是地狱，都是我们亲手造就。自己整理的床铺，无论舒适与否，只能自己去躺，无法与别人交换。

从这些方面看来，把"信誉"形容为所有快乐的源泉，并不为过。

耶稣曾向世人宣告，他的使命在于将平安带给"上帝所喜欢的人"，上帝所喜欢的必然是拥有良好名誉的守信之人。

因此，没有良好的信誉，我们就无法平安快乐地享受生活。

很多强有力的人物，包括拥有巨大财富的商贾，许多人获得地位、权力、财富的方式可能不为其同胞所喜，他们也都喜欢表现得毫不在乎世人的评说。

"我不在乎公众怎么想，也不在乎他们说些什么。"美国最著名的金融家之一曾经这样告诉笔者。

早年的 J. P. 摩根也曾用类似的言行表现自己的清高，乔治·F. 贝克直至今日还在这样做。

摩根先生实际上极度关注公众对他的评价，他人生的最后几年里，在位于华盛顿的货币信托投资委员会创立之前，没有什么比公众的赞扬更能使他满意的了。贝克先生虽然不像他的老合伙人那样赢得那么多荣誉，但报纸对他的出庭作证做出的正面评价，很是让他"沾沾自喜"了一番。笔者心中同样清楚的事实是，上文提到的那位金融家，如果能换来公众的褒扬，他可以不惜花费数百万美元。

单凭金钱或者权力，都无法将快乐召唤到某人面前，只有众口称赞形成的金光闪闪的名誉，才能让人感到满足与快乐。

纽约花旗银行总裁范德利普（Frank A. Vanderlip）是绝不会让交际圈子狭窄，而且朋友对其评价不高的人担任主管职务的。当时，公众和媒体提起花旗银行，都免不了从一贯的印象出发，称这家银行为"标准石油公司的狗尾巴"，范德利普先生为花旗银行所做的最大贡献，就是努力消除了人们的这种不良印象，建立起一定的信誉，使公众不友好的态度得以转变。

只有正确的行为才能换来良好的信誉，正如你给别人送去良好祝愿，别人一般不会对你恶语相向，还会回赠同样的祝福，这就是为什么圣诞节是一年中最美好的时光的原因之一吧。

如同慈悲与宽容一样，信誉既赐福于赞美的领受者，也给施予者带来好处。

信誉是一种美德，需要我们悉心培育，我们不仅要在圣诞佳节向大家表示祝福，而且应该一年四季随时记得与人为善。

坚持这样做，你将在商务活动中受益无穷，取得事业的成功；更值得一提的是，你会得到社会的充分认可，在你的内心深处，也会认为自己的成就实至名归，感到对得起自己的良知，并且得到莫大的满足。

如果没有良好的信誉作担保，即使看上去再完美的协议或者约定都免不了要沦为一纸空文。

从全世界的角度来看，人类社会亲如一家，像兄弟姐妹一样团结在一起，是大家世世代代追求的终极目标，只有不断努力，用更多的友善之情取代憎恨嫌恶，才能让我们离目标更近一些。而兄弟般互助的精神，正是上帝所喜欢的。

信誉往往和善意紧密联系在一起，它们不仅能为你打开事业成功之门，而且还将亲手为你打开天堂的大门。

笔者认识一位十分聪明的商人，他赚了很多钱，严格来讲都是合法所得，但其中有些财富，虽说不是靠欺骗得来的，却总有违背诚实经商的原则之嫌。这位商人与笔者认识的其他人相比，活得明显不算快乐。

圣诞期间为什么充满欢乐？一年中的这个时期，是什么使每个人满怀喜悦与感恩之心，乐于为他人奉上自己的祝福？

答案很简单：善意。

人们在圣诞节向周围的人表达善意，希望为别人做点什么，很少考虑自己的利益，而把别人的快乐放在第一位，特别是为了小孩子的开心而绞尽脑汁。这一刻，我们的心灵是崇高无私的，我们的言行是亲切体贴的，我们比以往任何时候都更接近《圣经》中描述的境界——"爱人如己"。

2. 怎样建立良好的信誉

信誉虽然是别人对你的看法和评价，但评价的好坏，决定权都在你手里。幸运虽能换来一时的荣誉，但长久的名声往往是通过高尚的人品、对事业的专注与信仰以及提供给公众的真诚服务换来的。

良好的信誉首先植根于真诚的服务之中；如果你真心地付出无私的服务，公众自然会慷慨地报之以好评。但有时可能会起到相反的作用，所谓过犹不及——人们可能对你的好意产生怀疑与偏见。例如，许多原本真心实意提供服务的商人就曾经遇到过这样的失败，反而无法在客户中建立起良好的声誉。

你可能会说，正如人的性格好不一定得到好的回报，发生这种情况也不是没有可能。是的，笔者承认这话很有道理，但是我们不妨深入地考虑一下这个问题——我们为什么不能根据人们的偏见，或者他们喜好和厌恶的东西来建立自己的信誉呢？

你也许马上会反问笔者："为什么要迎合人们的偏见呢？这样的做法没有任何意义。"

笔者并不这样认为。有时，人们所谓的偏见往往主要存在于你自己的头脑当中。

对你来说叫作"偏见"的东西，于对方而言，只是属于人之常情的个人好恶而已，无可厚非，他们也有很多理由证明自己观点的正确性。而"信誉"毕竟是建立在他人头脑中的感觉，所以，既然你需要的是良好的信誉，你的言行就必须符合大众的喜好标准，否则是得不到什么好名声的。

想得到"信誉"这项特殊的资产，就应该按照公众认可和喜好的标准行事。在生意方面，比如股票的买卖，有时人们做出的决定可能看来十分糟糕，而你自认为知道更加高明的处理方法。当然，是随大流还是坚持自己认为正确的东西，需要由你做出选择，如果坚持下来的话，人们也许会发现你是对的，他们会转而支持你，这时，你将感到人们对你有一种非常强烈的偏爱，过去的种种不赞同已经完全为这种新的感情所取代。当然，前面讲的只是一种特例，你更有可能面对的，是繁杂琐碎的日常商业事务，没有一个绝对的标准来判断某种做法的对错，你也无法从中确切知道该做什么和不该做什么，因此，你完全可以按照客户的爱好与习惯来处理这些事情，并且尽量令他们满意，这样，良好的商业信誉就随之建立起来了。客户喜欢买到便宜货的感觉？请迎合他们的爱好。他们愿意得到免费的邮寄服务？那就设法少收或者免去运费。客户喜欢特定的颜色？比如，用红色装订书籍。好的，请给他们红色！

大家不妨坐下来，拿起一支铅笔，将你所知道的客户的喜好列在清单上，事无巨细，只要是顾客偏爱的东西，都原原本本地写下来，然后，总结一下自己是否已经适当地满足了顾客的这些爱好——这总比只关心自己的爱好要有意义得多。一张用心列出的清单，上面的内容可能令你大吃一惊。如果你对自己的判断不太有把握，可以请别人帮你列一张这样的清单，然后根据上面的内容查漏补缺——这将成为你所做过的最大、也是最有意义的投资之一。

Chapter 19
意志是胜利的前奏

任何有成功雄心的年轻人必须首先培养意志力，若是缺乏这种力量，他便永远不会成功，因为在通向目标的路上充满了坎坷与荆棘，必须勇敢面对、拿出意志力来战胜这些困难，才能抵达终点。

1. 伟大的成就无一不是意志力的果实

意志是胜利的前奏。

诚然，正如"不付出汗水的理想只是空想"这句话说的那样，只有意志而没有实践，也不会到达成功的彼岸。

任何伟大的成就，无一不是意志力结出的果实。

意志力是必胜的力量。

"有志者事竟成"这句谚语，在法语中也能找到相应的语句，而且表达的意思更强烈——"Vouloir c'est pouvoir"，按字面意思来理解，就是意志力有多强，能力就有多大。

我们所有的行为，都是意志力推动的，"所有"的意思真的是指每种动作、每句言辞、每个愿望都是在意志力的"指挥"之下产生出来的，而并非一种夸张的说法。

意志力不够强大，我们的表现就会落后于他人。

只有将意志力调整为正确的状态，让它适当地发挥功效，我们才能迎头而上，牢牢把握人生机遇，充分发挥自己的能力。

意志力可不是简简单单地许下愿望就能激发出来的，它还意味着更多的东西——坚定不移的决心、锲而不舍的顽强、不屈不挠的自信、百折不回的勇气、坚韧不拔的毅力。

神圣罗马帝国皇帝曾经多次宣称，日耳曼人拥有"胜利的意志"，这种意志是他们最伟大的资产——他十分肯定地认为，如果没有"胜利的意志"作为支撑，条顿民族可能早就放弃了艰苦卓绝的抗争。

一个意志薄弱的民族或者个人，注定走向失败的结局。

英国的绰号"斗牛犬"的由来，是因为不列颠民族是一个意志力强大的群体，这个民族有着令人敬佩的顽强精神、决不轻言放弃的执着斗志。

近代史上的伟人中，拿破仑所拥有的意志力之强，无人能左右。

今日的世界舞台最为著名的人物之一，被称为最顽固、最执拗的美国人——威尔逊总统，无疑是具备强烈的个人观点和原则的典范。

意志薄弱的人必然膝头发软，容易向外界屈服。

没有意志和原则的人无异于被抽掉了脊梁骨。

意志力是驱动力的同义词，是一股强硬而积极的力量。

E. H. 加里必须锻炼自己毫不妥协的意志，以便对抗在他初期掌管美国钢铁公司时遇到的种种阻力。有一次他曾对几位怀有异心又权势在握的董事说道："先生们，除非你们找人换掉我，不然我不会让你们的想法得到实现。"他坚持毫不妥协，最终战胜了反对者，他的企业为美国的经济繁荣做出了巨大贡献。

当威尔逊总统请查尔斯·M. 施瓦布担任政府造船业的负责人时，后者谢绝了总统的邀请，并且表示，除非他可以完全自由地按照自己的方式行事，才能接受这个职位。施瓦布的为人处世有着鲜明的个人风格，如果某件事情归他负责，那么，他的意志和想法就必须得到全面彻底地执行。

任何有成功雄心的年轻人必须首先培养意志力，若是缺乏这种力量，他便永远不会成功，因为在通向目标的路上充满了坎坷与荆棘，必须勇敢面对、拿出意志力来战胜这些困难，才能抵达终点。

当你迈出事业的第一步时，就得建立起必胜的信念。

无论遇到什么困难，都不能击垮我们的意志。这个世界有时看起来冷酷无情，但是，不管它给我们带来什么样的暴风骤雨，不管你正在经历怎样的酷暑严冬，只要意志不毁、精神不灭，就没有什么障碍能够破坏我们的计划。

《圣经》上记载着耶稣的话："你们祷告，无论求什么，只要相信，就必能得到。""你们若有信心……就没有不能做的事了。"

这些话告诉我们，意志的力量是不可战胜的。

意志强大、信心充足之人，他们的身体绝不会在困难面前发抖；

态度果敢、决心坚定之人，他们的脚步绝不会在坎坷之处退缩。

在追逐理想的道路上，一定不要放弃意志这位忠实的伙伴，终有一天你会亲手收获应得的胜利果实——说不定幸运之神还会给你额外的奖赏。

即使把全世界的困难加在一起，也不要让它们击败你的意志！我们往往为周遭的环境所困，虽然一时无法改变环境，但至少不要让环境改变了我们唯一宝贵的资产——意志，请在这时运用你对意志力的控制，尽最大努力做些什么。

人类有了意志力，好比汽车加满了汽油。没有这些最基本的驱动力，交通工具无法环游世界，人类也无法实现各种梦想。

因此，没有什么比意志力更值得我们去培养与呵护。

只有强烈的意志当然远远不够——因为一个傻瓜，甚至一头骡子，都能把顽固不化的倔强意志表现到极致。

我们首先要做的是培养正确类型的意志，将自己的意志力用在正确的方向。

显然，说完"我有愚公移山般的意志和雄心"这句话后，连翻土的铁铲都不愿拿起来的人，做得还远远不够。

我们必须及早意识到内心的愿望和想法，一旦有了雄心壮志，就要做好长期奋战的准备，选择自己的路，坚定不移地走下去，即使前方深渊密布、高山阻挡，也不能削弱我们的勇气和决心。

连画笔都不碰、不屑学习最基本的艺术理论和技法的人，如果还想成为伟大的画家，那简直是痴人说梦了。

我们必须用 100% 的"理智"因素构成所有意志、愿望、抱负和野心的基础。

经过认真、虔诚的选择，一旦我们的目标得以确定，就不要让世上的任何东西阻碍你的前进。

想，然后做。

要坚持。不要做随风倒的风信标，经不起风吹雨打，随便来一阵疾风骤雨，就完全动摇了决心、掉转了方向。

《圣经》有云："即使你有意愿去做，但还要按意愿去执行才行。"

在从"想"到"做"的过程中，意志力起的主导作用功不可没。

新船的初次下水总是令人愉快，但是你永远不要指望这船将来不会遇到各种风暴和惊涛骇浪的袭击，只要在海上航行，这些都是家常便饭。

我们在与风浪搏斗的同时，经常会遇到种种诱惑，促使我们放弃远航。人的大脑、双手、肩背和腿脚毕竟不是钢铁打造，而是血肉组成，终有疲惫、痛苦和麻木之时。朋友们都知难而退，我们也难免因受伤而开始灰心丧气，一切都变得如此糟糕——是的，有时似乎连天上的星星都躲起来与你作对。

唯有一种东西永远不会背叛，终将拯救我们大家，它就是意志力。

困难可以挫败肉体，但毁不掉灵魂和意志，在无形的精神力量面前，它显得无能为力。正是这种精神力量，使人类区别于动物，成为名副其实的万物之灵。

永不言弃！

只要我们感觉自己是对的、正在寻求一个有价值的目标，只要我们认为自己值得享受成功、世界因为我们的努力会变得更美好，我们的意志力就能征服一切，而且永远不会被困难征服。

意志力所在的地方，你的对手和敌人永远触及不到，它高高在上，俯视着物质组成的世界。

士兵可能战死沙场，如果他死得高贵，尽了一名军人的本分，又会有谁认为这是一种失败？

写到这里，笔者不禁感叹：成功难得，罕有耳闻；至于失败，却是随处可见。

但是，一位明智的西方人，埃德·豪（Ed. Howe）最近出版了一本小书，名叫《成功比失败简单》，书中所讲又似乎不无道理。

成功人士不一定非要成为百万富翁，百万富翁不一定都是成功人士。

修女们以谦逊的姿态在贫民窟中帮助困窘之人，护士们忙碌在医院的廉价病房为穷苦人服务，以及贫困的劳工家庭中，那些默默无闻的妻子和母亲们，为了孩子整日辛苦操劳。这些平凡人所付出的努力，并不比那些能够登上报纸社会版头条的"大人物"们少，从某种意义上来讲，他们也是当之无愧的成功者。

笔者认识一些人，有男有女，他们既有值得尊敬的人品，又把自己的本职事情做得很好，但其名字从未见诸报端或者任何书籍，其事迹也不为大众所闻，世界还没有意识到，这些普通人也应该归于成功者的行列。

真正的成功与意志力类似，存在于人的头脑、心胸、灵魂之中，常常是别人的肉眼所察觉不到的。

当瓦尔特·司各特（Walter Scott）爵士被宣告"破产"之后，把他的所有才能、精力和意志力都投入到写作中去，勇敢地承担庞大的债务，为自己的信誉而战的时候，他就是一个成功的人，一个伟大的人。

在罗伯特·路易斯·史蒂文森（Robert Louis Stevenson）卧病不起的日子里，是什么支撑着他坚持写作，给这个世界带来那么多令人快乐振奋的篇章？

又是什么让双目失明的圣诗作家芬妮·克罗斯贝（Fanny Crosby）从她的苦难中抬起头来，用满怀希望和鼓舞的赞美诗抚慰了数百万人的心灵？

福煦将军在马恩河战役中，面对战场两翼和中路的庞大敌军，果断地下令反击，成功地挽救了巴黎乃至整个法国被德军占领的命运——他也因此获得了元帅的最高军衔。

这些人之所以做出如此的成就，难道不是得益于对意志力的锤炼？

我们的未来和命运，从根本上说是由意志力决定的，我们的双手不过是意志的工具，要听从大脑和心灵的指挥。

让我们建立起不可征服的意志力吧，首先要使身体完全遵从意志的命令，然后逐一战胜前进道路上袭来的困难。

2. 怎样培养意志力

　　迅速促成交易的秘诀在于对意志的掌控——使顾客在推销者平静、稳定而强大的销售意志面前逐渐接受对方的产品。除了某些偶然情况之外，如果你不对别人表达自己的意愿，他们一般是不会主动为你做事的。而你没有意愿做的事情，即使别人为你做了，于你也没有什么很大的价值。

　　倔强到近乎顽固，是一种拒绝妥协的态度，常常会对他人的意志产生抗拒。这种态度往往与意志力有巨大的差别，正如南极和北极之间的距离一样。真正的意志力懂得适当的退缩和迂回，像弹力绳一样能屈能伸，充满韧性，永远不会因为过于强硬而导致破碎。在这种退缩和迂回的过程中，人们可以发现自己的不当之处，改正某些做法。真正的意志力是灵活而自由的，可以根据个人的理智判断进行相应的改变——绝不是被迫屈服。如同一支常胜的军队，虽然它的战线可以根据情况任意伸缩，但敌人永远无法攻破它。

　　读者不妨问自己这样一个问题——你是否被人成功地威胁或者恐吓过？你是否因为遇到了一些挫折就陷入犹豫动摇、灰心丧气的境地？如果答案是肯定的，那么你的意志力就是脆弱不堪的。怎样才能让它强大起来呢？我们可以像训练其他精神能力一样对它进行锻炼——每天抽出几分钟强化意志、巩固思想，提高意愿的力量。

为什么要这样做？

答案很简单。我们可以通过精神的集中，把大量的新鲜血液输送到大脑中意志力所在的部位，那部分的脑组织就像肌肉一样，需要得到养分和经常的锻炼才能生长壮大。每天锻炼一下肌肉，时间一长就能得到健美的身材，而通过把所有的注意力都集中起来，对某种精神机能进行长期的、有规律的系统训练，它就会像得到锻炼的肌肉一样变得健康而强大。

意志力是一种基本的驱动力，有了它，人们才能有所作为。

首先，我们利用意志力促使自己完成应做的事情。虽然刚刚读完本书教你的意志训练法，但恐怕大部分读者也不会马上付诸实践，尽管你知道这些建议都是对的，而你也应该照做，但是你就是缺乏那种促使自己完成应做之事的意志力。如果你真心希望得到强大的意志力，展开成功的事业人生，那就至少逼迫自己做一下这些练习，哪怕是其中之一也好。如果能每天坚持做一点，一个月之后，你所得到的意志力提高就可以让你轻松应付更多的练习，最终收获成功的果实。反之，若是拒绝尝试，就不会有成功的机会。

其次，在你的同行或者社交圈子里发展自己的意志力。不知你是否属于做事时被动听从别人指挥的人？还是有时会有自己的主见，告诉别人你认为他们应该怎样做？当然，没有人能够在一个群体中总是说了算，这样做是不合适的——始终要依靠团队精神和协作的原则。

　　但是，那些不敢肯定自己的长处和正确性、指出别人的不足之处的人，不善于坚持己见，无法说服别人认同自己的人，一定是意志力薄弱之人。你是领袖还是追随者呢？如果你给自己定位为追随者，那么在表达不同观点的时候，态度要谦逊从容，抓住原则性的问题，坚持到底。

　　信函是与人沟通、要求人们为你做事的常用工具，你是否有能力通过这种无声的文字方式说服客户与你合作？如果不能的话，说明你在信件写作方面尚有欠缺。一旦与某个特定的客户取得联系，在完全赢得这个客户之前，那段漫长的跟进过程通常是最有难度的部分。虽然这种跟进的本身是客观的、不带个人感情的，但是我们可以运用自己的意志，把强大的感染力和说服力融合到信函的文字之中，抓住对方的心理，让客户在精神上信服于你。你是否已经把这种力量运用到信函写作之中去了呢？如果还没有，今天就试试吧，好吗？

任何有成功雄心的年轻人必须首先培养意志力，若是缺乏这种力量，他便永远不会成功，因为在通向目标的路上充满了坎坷与荆棘，必须勇敢面对、拿出意志力来战胜这些困难，才能抵达终点。

Chapter 20
成功的大厦必须以
自尊为根基

　　人生的大厦，必须以自尊为根基，不然，无论这座建筑的外表多么富丽堂皇，里面照样充满腐蚀不堪的虫洞，随时都会轰然倒塌。

1. 带着尊严实现自己的价值

美国为什么要参加第二次世界大战？

为了保持国家的尊严。

美利坚合众国是从尊严中诞生的，这个国家的奠基者们拒绝把人的尊严作为可以交换的商品、拒绝背叛自己的人格，他们的抗争换来了美国的独立。

在独裁的重压下，人们很难保持自尊。失去自主权的个体往往沦为强者的傀儡，暴君手中的绝对权力就是控制傀儡的丝线，人们过着类似奴隶的生活。

一个人或许可以失去世间所有的一切，却不能丢失他的自尊，有尊严的人活得才有价值，才是自己精神世界的主人。

如果某人没有了自尊，那么即使拥有万贯家财也不值一提，他的精神是贫瘠的。

失去自尊的人也会随之失去别人的尊敬。

不能将自尊与傲慢自大相提并论。

自尊是一个难以具体定义的概念。它使人免于堕入刻薄、卑鄙、残酷、专横的恶道；它生来就憎恨各种形式的不公，并且积极为正义而战；它促使人们按良心和道德原则办事，提醒你在尊重自己的同时，也要尊重别人。

　　自尊的人绝不会蔑视别人的尊严，他们深切认同"己所不欲，勿施于人"的道理。凡是故意损伤别人自尊的人，就是给自己的尊严抹黑。

　　自尊从来都不是一种单独存在的品质，正如美丽的花朵不能和满园的杂草待在一起一样，自尊也需要其他美德的陪伴，才能繁荣生长，相映生辉。

　　欺诈成性的人、靠不正当手段发财的人、惯于占别人便宜的人，永远不会有真正的自尊。他也许会通过欺骗别人，甚至欺骗自己来让人相信他有权得到尊严，也可能强迫别人，特别是比他弱势的人对自己表示所谓的"尊重"，他们喜欢伪装得道貌岸然，对别人吹毛求疵。

　　在其内心深处，他也知道，或者至少是怀疑，自己是在装模作样，而且被不真实的假象所包围，他配不上别人违心说出的那些赞美之辞。

　　真正伟大之人是不需要奉承和谄媚的，他们厌恶拍马屁、叩头等卑躬屈膝的礼节，他们不希望任何人为了讨好自己而降低人格。

　　唯有诚实可靠之人才会建立全面的自尊。如果你为人处世忠实诚恳，赢得了人们的尊敬，拥有了无坚不摧的人格武器，那么，还有什么困难不能够面对？有什么障碍不能够征服？又有什么阴霾沮丧的心情不能经受呢？

　　缺乏自尊之人永远得不到真正的成功，用牺牲人格尊严的手段换来的胜利不是真的胜利——一个人，如果连尊严都不要了，那么即使得到了整个世界，又有什么意义呢？

令人欣慰的是，如今的商业游戏和人生竞争越来越公正透明，人们可以带着尊严，体面地参加到这些激动人心的活动中去，发挥各种才能，实现自己的价值。

商业环境的改善，使得现在的年轻人能够从容地进入商界，同时保持道德的清白。

销售者无须撒谎就能卖出商品，柜台后的店员不用再练习诡诈之计。

记者也不必昧着良心造假，把真实的报道歪曲为虚构的小说。

面包师再也不会被迫往面包里添加神秘的有害物质。

食糖里再也不会掺有沙子。

广告制作人无须特地练习某些技术而保证图片的真实性。

自尊心强的雇主会主动招募有自尊意识的员工。那些要求别人尊重他的雇员，最好首先尊重一下别人，他还必须值得别人尊重。

与自尊密切相关的美德有很多，包括自律、自控、必要情况下的自我牺牲、沉着自信、自我否定、自我修养等等。

毫无疑问，自尊的最大敌人，非"自私"莫属。

第二大敌人也许就是铺张浪费、虚度人生，这实际上是从自私中衍生出来的一种自我放任的行为。

要知道，有几样东西消灭自尊的速度比债务还快，比如洋洋自得的心态，比如奢侈的生活习惯，炫耀财富以及追求那些你根本不需要的事物。

因为既要藏在街边墙角躲避债主的追讨，又要保持尊严，几乎是不可能的事情。

　　具备偿付债务的能力，是自尊的基础，那些欠债还钱、信守原则的人，可以从容地直视他人的目光，不用躲避任何人，也不必向任何人献媚讨好。

　　一位随时储蓄以备不时之需的工人，比起他那拿到工钱就挥霍无度、最终陷入贫困的同伴更容易保持人的尊严。因为前者在银行存有一定的积蓄，所以如果有必要，可以通过罢工抗议争取自己的权益，不用担心一时的经济问题或者自尊受损，而后者由于永远都要依靠下周的薪水支付账单，所以即使权益遭到损害，也只能忍气吞声。

　　如果你有能力节省出更多的金钱，那么一定要厉行节俭，因为这样可以保持尊严。

　　在同一个人身上，自尊和虚荣往往不能共存。虚荣总是引起不必要的铺张浪费和沉溺放纵，终将招来灾祸。

　　野心虽有价值，但决不能让它失去控制，否则会给自尊带来致命的破坏。

　　坚持不断地赢得他人的尊敬——这相对来说还算简单。努力建立并保持自尊——这事做起来要难得多。

　　"自我"是一座神庙，别人只看得见外墙，无法窥见内部的情形；而我们自己却可以看到里面的神龛。或者，"自我"是一架只能由你本人驾驶的飞机，别人无法控制它飞向天空。

　　当然，上面这段话的意思并不是苛求每个人都要做得尽善尽美——"义人也难免一日犯错七次"，我们虽然生来有罪，但最终还是寻回了尊严——耶稣的自我牺牲为世人做到了这一点。

"自尊"并不意味着我们必须总是穿着笔挺，鞋子上纤尘不染，永远不会满脸油污，住在豪宅里，吃饭时还得围上雪白的亚麻餐巾。

詹姆士· B. 杜克为了省下每一分钱投资事业，曾经住在纽约市一间走廊尽头间隔出的小卧室里，去到处都是醉鬼和流浪汉的鲍厄里街区的餐馆吃饭，即使这样，他的自尊也丝毫无损。

弗兰克· W. 伍尔沃斯年轻的时候，每晚都要睡在一家乡村小店昏暗的地下室里，身边守着一把左轮手枪用来防贼，他也没有失去自尊。

达尔文· P. 金斯利（Darwin P. Kingsley）上大学时每天以土豆为主食，为学校敲钟挣学费，他的奋斗并没有损害其自尊。

弗兰克· A. 范德利普在每个大学学年仅能花费 260 美元的情况下，同样保持了自尊。

托马斯· A. 爱迪生没有失去自尊。他初到纽约时身无分文，曾经向一位职业品茶者要来一些茶叶作为早餐充饥。

威廉· L. 道格拉斯（William L. Douglas）没有失去自尊。当他成为世界上最大的制鞋商的梦想仅仅只是个梦想的时候，曾经用胳膊夹着成捆的皮革，跋涉穿梭在城市之间。

居里斯·罗森瓦尔德（Julius Rosenwald）没有失去自尊。他在展开自己传奇般的事业生涯之前，曾经做过小贩。

托马斯· E. 威尔逊没有失去自尊。为了给以后的事业奠基，他自愿在芝加哥的牲畜场从事脏、最累的工作。

欧文· T. 布什没有失去自尊。为了使企业获得偿付能力，他到处兜售自己公司的股票，现在他的公司在美国和欧洲都是数一数二的行业巨头。

一个人的尊严是增加还是减损，主要看他的内在精神是积极还是堕落，而不应看他所做的工作是"高贵"还是"低贱"。

一位勤恳的清洁工的自尊程度，可能远远超过那些过着无所事事的寄生生活、出入高级俱乐部的百万富翁。

"是非善恶皆由心生。"

人生的大厦，必须以自尊为根基，不然，无论这座建筑的外表多么富丽堂皇，里面照样充满腐蚀不堪的虫洞，随时都会轰然倒塌。

为了蝇头小利而出卖自尊是非常愚昧的行为。

自尊，简言之，是人格的同义词，因为没有自尊，人格便不能称之为人格。

一个人首先有了自尊，再赢得他人的尊敬就不是什么难事。自尊这种品质，是打开成功大门之锁的钥匙之一。

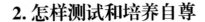

2. 怎样测试和培养自尊

　　自立和自尊是一对完美的搭档。前者是一种积极主动的品质，但也要以后者为根基，因为如果一个人毫不尊重自己，就无法依靠自己的力量有所作为，而每一位成功人士都善于自我肯定和自我欣赏。赌徒对自己的灵活机敏充满信心，但绝不可能归为诚实无欺的绅士之列；高级俱乐部中的纨绔子弟对于修饰外表、打扮得衣冠楚楚很有一套，但不会甘心去做一个有一技之长的平民百姓。真正的自尊不会允许人身上优秀的品质与堕落的品质妥协折中，它会单纯地趋善避恶。如果你建立了真正的自尊，就会发自内心地希望自己成为一个完善的人，不容许出现任何污点，尽管可能你身上早就存在这样那样的不足之处。

　　自尊之人也会背上债务，但是他会直接找到债主，诚恳坦率地说明原因，这样做一般不会陷入麻烦。而当债主找上门来，自己却从后门溜走的人，通常都是内心猥琐、抛弃自尊之辈。各位读者，假设你是负债人的话，又会做出怎样的选择？如果你自认为表现得不对，那就赶快改正吧。

　　自尊之人也会遭遇事业的失败——甚至破产——但是他会坦诚面对朋友，仍然正直做人，他的朋友们也会这样做，并且对他的正直品德继续保持敬意。

　　自尊之人不喜欢别人轻看自己，如果要承受某些批评或冷落，他是不会主动抛头露面的，如果别人不伤害他，他也不会伤害别人，但是他在反击别人的时候不会孤注一掷，而是为双方的自尊留出余地。

　　自尊之人不希望有人对他的行动指手画脚，而且认为把自己的生活公之于众，是对其隐私和名誉的侮辱。如果你正在为人人都知道你在做什么而烦恼时，你的自尊已经被伤害了。自尊之人讨厌出风头，但是他会用一种私人化的方式从容面对公众的注意，因为他从未做过任何有违自己良心的事情。

　　下面是一些在通常的商业环境下，对个人自尊的检验标准。读者不妨自我测试一下。

　　例如：假设你在大街上看到债主远远走来，是否会改走马路的另一边？

　　如果答案是肯定的，你的自尊就出现了问题，请及时改正。

　　我们都会在事业上犯错误，你一定也会。你是否能够坦然、直率、爽快地承认错误，并且愿意为此负责？或者，即使从策略上看不宜马上承认错误，你也愿意随时这样做？

　　你是否会公开奉承某人？你是否会容忍别人肆无忌惮地怠慢自己？或者不留情面地羞辱别人，他们怎样对你，你就怎样回敬？反击时有所保留是有自尊的表现，肆意发泄则相反。

　　最后一个问题，你怎样看待威尔逊总统的"无情公布"政策？

　　你是否在这种做法没有成为一种政策之前，就早已为此做好了准备？

如果你能把这些问题的答案写在纸上，那么这个测试产生的效果就会比较持久，本书所写的内容对你来说就更有价值——可以帮助你更好地实现个人效能和事业效能。

你准备好了吗？

Chapter 21
良好的结果源于
良好的判断力

就算是无所不能的天才，失去了判断力的辅助，也无法维系长久的成功。

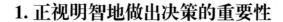

1. 正视明智地做出决策的重要性

"长眠于此的这个人，懂得如何将比他更为聪明的人聚集到自己身边。"这是安德鲁·卡内基为自己写的墓志铭。

这是卡内基对拥有正确的判断力的重要性做出的充分肯定。

一个人如果缺乏良好的判断力，那么凭他原有的其他才能或者德行，也许会获得短暂的成功，但无法保持下去。

无数事实表明，一个人若是判断失误走错了方向，就会远远偏离正确的目标，即使再努力也是枉然。

就算是无所不能的天才，失去了判断力的辅助，也无法维系长久的成功。

判定人们在金融业、工业和商业等领域所取得的成就大小的真实尺度是什么？

最为重要的是——对人的判断力，选出最为胜任的人担任企业管理人员的能力。

其次重要的一点——至少在某些方面是重要的——是对事的判断力，如正确地分析经济走势、把握发展动向、对目前形势的估量与判别以及对未来局面的预测等能力。

是什么让美国的银行业在国际金融舞台上起到举足轻重的作用？

不是银行的巨额资金，而是银行家的判断力。

为什么宾夕法尼亚铁路公司要付给库恩－洛布公司数百万美元？

因为后者提供了专家级别的金融建议，这笔钱是对他们的判断力付出的酬金，事实证明，这是一笔"物"有所值的交易。

美国钢铁公司成功的主要原因是什么？——公司的几位负责人，特别是总裁加里在制定公司的收入策略和处理与公众、竞争对手和消费者之间的关系方面做出的明智判断。

判断力在商务中起到的作用，无异于在航行中担任指挥的船长。

蹩脚的判断会让生意蒙受损失，如同使船只撞向礁石。

良好的结果源于良好的判断力。

"判断力"体现在哪些方面？又是怎样通过这些形式表现出来的？

判断力不仅仅是由各种普通的能力和知识组成的，也不是光凭熟练、勤恳就能获得，一个人可能拥有所有这些因素，但是恰恰缺乏判断力。

因为良好判断力的形成，不仅需要这些因素，还要满足其他条件，如具备普通常识、足智多谋、天生机敏、镇定自信、稳健理智、头脑冷静、有政治家的智慧、摒弃偏见、宽宏大量、公正无私、洞察力强、见解深刻等等。

判断力有时又被人称为"先见之明"。比如，判断某人是明智还是愚蠢，可以在其行动之前的一些细微表现中推断出来。

雷塞（De Lesseps）发起开挖巴拿马运河工程之举虽然得到了世人的赞同，但是后来的事实证明，他对这次行动的判断是不全面的。教科书不能把书中的观点和判断强制灌输到学生的头脑中去。

获得准确判断力的唯一途径就是依靠敏锐的观察，依靠在人生这所大学中学到的实际经验，不断地学习借鉴别人的长处，研究分析有成就之人的言行或者自传，剖析各种事件的因果关系，坚持不懈地研究人性的特点，养成公正无私、对任何人都宽宏大量的品格，以及通过每日的忙碌，逐渐了解自己事业中的各种琐碎但必要的知识，掌握那些基本的原则和常识。

"这些要求太苛刻了！"你可能会说。

是的，正是因为这些要求太过苛刻，所以只有很少的人能够在有限的时间内达到这种境界。

一般情况下企业的主管不会对年轻人的判断力产生过高的期望。

"年轻人无法具有老年人的经验和阅历"就是指这个意思。

但事情并不总是这样。

拉尔夫·海斯（Ralph Hayes）曾经担任过美国战争部长贝克的私人秘书，年纪轻轻就具备非凡的判断力。例如，他知道怎样按照其重要程度给各种事务以及政界人物排序，然后根据主次关系进行处理，他在从事这段工作期间表现得非常出色。

芝加哥铁路公司的铁路职员正在工作，主管接到消息，要求派一位最得力的职员到芝加哥牲畜场为莫里斯公司工作，而且会得到较高的薪水。因为上次公司派过去的那位职员打了退堂鼓，愤怒地抱怨说他无法忍受那种味道难闻的环境。

这时，公司的另一位职员毛遂自荐，愿意接替这个职位，他正是前文提到的托马斯·E. 威尔逊。他后来成为世界上最大的包装公司之一的老板，而抱怨工作环境的那位职员仍然默默无闻——两人谁的判断力更高明一些呢？

1873 年的经济危机，当失败与恐慌像台风一样席卷整个美国的时候，一位宾夕法尼亚州的年轻人并没有头脑发昏，加入惊慌失措之人的行列，他趁此机会借钱买下好几块别人视如敝屣的焦炭场，靠着优秀的判断力和精明的经营方式，如今的他可能已经成为全美国第二富有的人。他的名字是亨利·C. 弗里克（Henry C. Frick）。

"任何不具备合格的判断力，不能独立定夺事情的人，最好还是找一份舒适体面的职员工作，把成为商业领袖的机会让给那些更有野心、能力更强的人吧。" D. O. 米尔斯如是说。

大家公认的一个事实是，摩根银行在成立初期所获得的最大一笔盈利，得益于其创始人的一个大胆决定。当法国政府面临财政危机，又缺乏借贷信用时，朱尼厄斯·斯潘塞·摩根（Junius Spencer Morgan）决定插手伦敦银行业，担保提供给法国政府一笔巨额贷款。别的银行家认为这个美国佬一定是疯了，然而老摩根的判断是正确的，他得到了异常丰厚的利润。

二战时期，对于那些目光敏锐、善于利用机遇的人来说，是成功的绝好机会。

德国的战败，应归因于其判断的巨大失误——低估了比利时的脾性和能力，误判了英国将要采取的态度，错误地认为可以用恐怖政策统治崇尚文明与自由的人民，小觑了法国的活力和勇气——德国人最大的失误在于，他们不了解美国人的性格，以为我们只顾赚钱，虽然美国在军火交易中赚到了财富，但我们绝不是为了利润不计后果的国家。

威尔逊总统和他领导的人民，早就在美国参加战争之前的几个月，向欧洲所有的文明国家宣示了我们应对战争的力量、冷静、耐心、公正和决断力。

展望未来，美国在国际上的地位和影响将会取决于美国领导人的判断力、取决于美国的商业领袖如何迎接这场即将到来的世界商业战争。

冷静、谨慎、深刻洞察的判断力在和平时期与战争时期同等重要。

那些兼备雄心壮志、勤勉努力、吃苦耐劳等美德于一身的年轻人，以及那些善于判断情势、权衡利弊、预见未来的年长者，明日的胜利是属于他们的。

人生本身就是由一连串的判断和决定组成的，从蹒跚学步的孩童时代直到生命终结，我们无法逃避每日必须做出大大小小的各种抉择的生活方式。

所以，让我们睁大眼睛，正视明智地做出决策的重要性吧。

判断越片面，成功的可能性越小。

2. 怎样培养良好的判断力

读者可能会说，判断力是天生的，无法通过后天培养出来。如果一个人生来缺乏判断力，他怎么会知道自己有没有这种能力？他又如何知道自己的判断力是否有所长进？

有好几种方法可以解决这个难题。

首先，请回顾过去，通过以前发生的事情，联系其前因后果，分析你当时做出的思索和决定，检验自己的判断力达到何种程度，所谓"后见之明"虽然聊胜于无，但并不是真正的判断力。如果你发现自己在过去做出了很多错误判断（我们经常误判事情，但有些人的失误次数多于其他人），那么以后你将怎么做？

请反思一下自己为什么会犯这样的错误——决定过程是否仓促草率，或者没有采纳比你更为明智之人的意见？

如果原因是你在决定时过于草率，以后可以实行一套稳妥的解决计划，确保自己遇事时思考的时间长一些，请告诉自己或别人："直到明天早晨为止我不会做出任何决定。"

还有一种可能是你的判断比较迟缓，无法及时做出决断。笔者认识一对夫妇，他们想购买一套住房，钱已经准备好，也看了不少房子，制订了很多计划，但每次遇到合适的机会的时候，他们总是不敢拍板。

193

有一次，他们找到一处价廉物美的房子，却迟迟无法决定是否购买，几个月后，有人把这套房子买走了，这对夫妇意识到自己犯了个错误，但是当他们再碰到一次合适的交易时，还会继续犹豫不决。他们应该给自己的判断过程设置一个期限——"对于这件事情，我只给自己一个星期的时间考虑，时间一到马上按照想好的办法之一行事，不再拖延。"

有些人虽然能够做出决定，但他们的决定通常比较糟糕，这种情况应该怎么处理？

为什么不去请教那些判断力比你强的人呢？当事实证明你的判断经常出错，我想这时你做出的最明智的决断就是在重大事务方面让家人拿主意，他们的判断也可能出现错误，但至少为你赢得了更多的时间去认真执行这些决断。

在事业方面，你可能拥有自己的良师益友，甚至会依赖手下某个雇员为你做出判断。如今越来越多的企业成功的原因，是公司的负责人依照某位判断力比他高明的顾问的意见进行运作。这绝非偶然现象，这至少说明公司的负责人做出了一个明智的决定，他应该将这个决定贯彻到底。

现在，各位读者不妨拿起笔来，写出如下问题的答案：

你是否缺乏良好的判断力？

长时间的思考是否有助于培养你的判断力？或者迅速地决断更能改善判断的效果？

如果根据上述问题推断出你的判断力情况不佳，那么你认为谁的判断力比自己高明？有没有人让你觉得对他的建议深信不疑，愿意执行他的决定?

或者,你会不会听取几个人达成的一致意见?

美国的商业组织正是建立在这样一套博采众长的判断咨询系统之上的,这些企业的成功证明它非常有用。

就算是无所不能的天才，失去了判断力的辅助，也无法维系长久的成功。

Chapter 22
真正的朋友会在你
需要的时候出现

如果不努力结识值得交往的朋友，并且精心维护友谊，使它更加巩固的话，就不可能获得事业的成功，得到社会的认可。

1. 朋友助你成就人生

广交朋友，你会取得更大的成就。

"我不会雇用那些无法在会议期间和别人交上朋友的人。"独立创业并最终成为包装行业巨头的托马斯·E. 威尔逊曾这样说，他是典型的实现美国梦的代表。

"我在基奇纳出名之前就遇到过他本人，我对他的能力印象深刻，并且和他成为朋友。"查尔斯·M. 施瓦布告诉笔者。后来基奇纳在战争期间给了施瓦布很多订单，累计金额达到上亿美元。

"我相信广交朋友的力量。"施瓦布补充道。

笔者也由此得知，施瓦布也和杰利科（Jellicoe）爵士建立了类似的关系，早在杰利科成为英国海军上将之前，还只是一名海军军官时，施瓦布就和他熟识并注意培养两人的关系。施瓦布一生中借助友谊之力，多次获取过可观的利益。

当一个庞大公司的董事们需要选出一位总裁，会首先考虑谁呢？

绝不会是某个陌生人，他们会从自己的熟人中选择，那些给他们留下过深刻印象，让人感觉友好的人肯定是容易获得青睐的人选。

现今的企业不惜花费重金聘请善于搞好公众关系的主管，他们希望找到能够赢得公众信任和高度评价的人。

你和某人成为朋友，他将助你成就人生。

友谊可以消除事业的阻力，敌意却能加重失败的危险。

年轻时代的亨利·福特试着自己制造发动机的时候，与一位沿街叫卖咖啡和三明治的小贩结下了友谊，这位贫穷的年轻发明家通宵试验自己的第一台汽车引擎时，曾经享用过他提供的热咖啡。

亨利·P. 戴维森（Henry P. Davison）不仅是英国国王的座上宾，还受到了威尔士亲王的欢迎。这位美国银行家中的奇才，总是可以成功地获得别人的友谊。纽约市半数的主要金融机构的负责人都是戴维森的朋友，并且交情非同一般，戴维森用"钢做的钩子"牢牢勾住了他们的心，许多人甚至愿为其赴汤蹈火。"戴维森的人"这个词已经成了金融界的流行说法。

诚然，"你的朋友无法为你代办所有事情，你必须靠自己的双脚走路。"这句话是不言而喻的道理，但是更值得强调的是，没有朋友的支持，人们很难获得成功，即使攀上了顶峰，也不能长久地保持成功的地位。

统治者失去了民心和朋友的支持，他的家族和权力就会走向衰落。

这个道理也适用于大企业和工业组织的负责人，如果没有支持者的拥护，就很难保住自己的地位，因为无人配合他的决定，他的管理就是无效的。

有一句话说得非常有道理——"自我奋斗而成功的人，是一件永远处在自我完善之中的产品。"人在自我完善的过程中必须不断地交朋友。某位公司主管曾有一段时期人缘不佳，有人传言说他很快就会被迫离开。此时，这位主管的一个强势的朋友，公开表明自己的立场，宣称他站在主管的一边支持他。结果，所有正在传播谣言的舌头马上停止了忙碌。

有多少人在关键时刻被忠实的朋友们从危机中拯救出来！

"难道某些人的能力之大，已经发展到了不再需要朋友的程度？"

"那些最终破产的大企业，哪家没有几个不听从任何人意见的主管，他们自命不凡，不把世界放在眼里？"托马斯·E.威尔逊曾经这样问，他又说："我们每天都遇见许多形形色色的人，我会学习他们的长处，如果可能的话与他们交朋友，这也是我经营生意的方式。一位公司主管所负责的组织有大有小，但这并不是决定他的朋友多寡的关键因素。

一个人一生中遇见的人不计其数，但大多数只有一面之交，你给他们留下的唯一一次印象就成为他们对你的评分根据，难道不值得我们尽力把这个分数弄得高一点吗？"

"如果你们问我指导人们进行日常生活和工作的真理是什么，我会简单地回答：尽量和同你打交道的每个人做朋友。"这是亨利·L.多赫尔蒂（Henry L. Doherty）对申请工读的学生们的忠告。

交到真正朋友的方式只有一种。

"物以类聚，人以群分。"内在品质相同或者类似的人自会相互吸引，也正是"通过观察你的朋友，我会知道你是什么样的人"这句话包含的道理。

自私的人不会得到真正的友谊，最伟大的友谊都是出于无私。

"（我的朋友中）没有人曾经帮过我多大的忙。可能多年以前我会向朋友索取很多东西，但是现在不了。因为我从生活中学到，越是盼着从朋友身上得到什么，你的失望就会越大，更重要的是，我知道任何人都没有权利要求朋友为你做些什么。朋友就像一个你一心向往的美丽公园，你只能欣赏里面的花朵而不能摘走它。"埃德·豪说。

如果某人希望得到真挚的友谊，他自己首先应该做到真挚。

友谊意味着忠诚、尊敬、热诚、同情、喜爱、互助、支持，如果有必要，还要为朋友挺身而出。

真正的朋友能够分享我们的快乐，分担我们的忧愁。

各个时代的诗人和贤者们，都用最高贵的词句来描述和歌颂真正的友情与真正的朋友。

二战中德国的战败，正是因为其在世界上众多崇尚自由的国家中没有一个朋友，德国的残酷、野蛮、暴虐、欺诈等恶行，使其失去了地球上每一位有良知的人的支持。

一些老一辈的美国商业领袖曾经认为他们足够强大，以至于可以不必费心交朋友就能按照自己的意愿行事，但是现在他们中的大多数人已经摒弃了这种落后的认识。

是的，如果不努力结识值得交往的朋友，并且精心维护友谊，使它更加巩固的话，就不可能获得事业的成功，得到社会的认可。本杰明·富兰克林曾经风趣地说："与狗同眠的人必然惹一身跳蚤；同坏人为伍一定吃亏。"

退一步说，认识很多拥有良好性格朋友的人，就同时拥有了众多的潜在客户或者生意伙伴。

那些渴望在世界上留下自己的印迹，并且从同胞那里得到尊敬的年轻人，应该早早做好准备，用自己的真诚无私之心换来世人的友谊。

真正的朋友会在你需要他们的时候出现。

努力做一位雪中送炭的朋友吧，在人生的漫长道路上，尽量多向他人施以援手。你在朋友饥饿时给他面包，他们则会在你口渴时报以甘泉。

向周围播撒友谊之种的人，必然得到多倍的收获。

没有朋友的人生会是什么样？

生命的真谛，不就是付出爱，然后得到快乐作为回报？

没有友情和朋友相伴的人生，还有什么快乐可言呢？

朋友是成功的基础，更是快乐的源泉。

没有朋友的成功不是真正的成功。

所以，用你的无私和真诚赢得真正的朋友，才能获得地位、力量、尊敬与快乐。

金钱买不来真正的友谊。

真正的友谊只能用同样的友谊来换取。

想让别人做你的朋友，你得先做别人的朋友！

2. 怎样建立朋友圈

许多人会这样说："我不是含着金汤匙出生的，没有足够的财力吸引那么多的朋友。"或是："看起来我并不具备什么交友的技巧——他们并不认同我。"还有："我的生活圈子太小，没有机会认识太多的人，更不用说和他们交朋友了。"大多数人觉得，朋友就是你偶然遇到的、同自己合得来的人，有了他们的陪伴，你可以获得快乐。

如果我们把耶稣单纯作为一个人来看，那么他的事迹就是通过集合朋友的力量改变历史的最好实例。

耶稣一直都尽最大努力做穷苦人的朋友，给他们提供心灵上的帮助，他帮助穷人的愿望是如此的坚定和持久，以至于穷人都集合到他的身边，甚至愿意为他牺牲生命。随着时间的推移，人们对耶稣的信仰和忠诚也不断地加深，这种坚定的精神力量使他们用自己的力量改变了世界的面貌。

虽然耶稣作为肉身的凡人时，没有活着看到这些变化，但是现在我们都能意识到，耶稣在其短暂的一生中，通过和身边的人做朋友并帮助他们，居然集合了那么多人的力量，产生了如此大的影响——为他人服务的理念成为人们的习惯，这种习惯甚至构成了美国商业成功的核心原则——终将使我们变得更加富裕和强大。当然，你不能一味地单纯追求财富和权力，而忘记了其他更为重要的东西，除非特别幸运，否则不会成功。

如果你为了一己之私，固执地这样做，会引起别人的怀疑和厌恶，而真正的友谊也不会在自私的土壤上生根。无私之人喜欢和需要自己帮助的人做朋友，得到其帮助的人如果将来有能力，也会报答曾经帮助过自己的人。

许多人不明白友谊多多益善的道理，不重视培养友谊，仅仅认识几个熟人就感到比较满足了，或者他们根本不喜欢和陌生人建立友好关系。

交朋友如同养花，拥有数量较多的朋友，在很大程度上是一个人对友谊的默默"浇灌"和"分类培养"的结果。

那么，各位读者，你是否已经做好准备建立自己的朋友圈了呢？

你是否觉得与你有联系的每个人都值得交往，他们都有可能成为具备某种力量的人，而你也经常有所打算，希望按照自己既定的方式发展与这些人的友谊？

请检查一下你的"熟人"列表——首先是工作上与你有联系的人——然后是邻居——最后是在其他情况下认识的熟人。

你希望他们中的哪些人成为你真正的朋友，你愿意和谁建立一段长远而稳定的友情？

当你希望和某人成为朋友，无论他的社会地位高低，首先要做的事情就是看看有没有帮助这个人的机会，如果得到你的帮助之后，他看上去也感谢你的付出的话，那么继续帮他另一个忙。

如果这个人在得到帮助后显得比较冷漠，那么就不要浪费时间，去帮助另一个知道感恩、能更好地回应你的人吧。通过这种方法，你一定会慢慢建立起一个可靠的朋友圈。

　　人们常常由于个人习惯的不同，或者一时没有注意到自己的言行而失去一些朋友。我们不妨自问一下，你有没有因为忘记巩固友谊而失去本来应该好好维系的朋友？

　　这可能已经成为一种不好的习惯。请多多反省一下，看看能不能找出养成这种习惯的原因——跟比较亲近的人谈谈这些事情，比如你的妻子、兄弟、父亲或者姐妹等等，然后想办法彻底改掉这些习惯。

　　虽然这些事情无法在短期内办成，但是绝对值得我们付出努力。

如果不努力结识值得交往的朋友，并且精心维护友谊，使它更加巩固的话，就不可能获得事业的成功，得到社会的认可。

Chapter 23

没有勇气就无法到达
成功的顶峰

只要你具备真诚、正直、认真、勤恳、坚持不懈这些美德，就可以在内心深处将它们转化为取得成功所必需的勇气。

1. 勇气源于我们的内在素质

诚然，勇气——真正的勇气，当然不是"酒后之勇"——是打开成功大门的一把相当关键的钥匙。

怎样才能获得勇气？

勇气可以培养吗？是的。

怎样做呢？只要你具备真诚、正直、认真、勤恳、坚持不懈这些美德，就可以在内心深处将它们转化为取得成功所必需的勇气。

这就是获得勇气的秘诀。

"他理直气壮，好比是披着三重盔甲""纯洁无辜的人如同披着三重甲胄""顾虑使我们都变成了懦夫"。

这些句子放在什么时代都不会过时。

如果我们知道自己有权做某事，这会给我们信心和勇气。

如果我们知道自己错了，如果我们知道自己不配得到成功，我们的勇气就会退缩，我们的双手、心灵和头脑就会失去应有的力量。

骄傲自大不能和勇气混为一谈。

真正有勇气的表现之一是谦逊。

骄傲自大只是内心脆弱的一种外在形式。

勇气是基于一个人对自己能力的全面了解而激发出的一种自信，正是由于存在这种了解，所以他不会轻率地炫耀和卖弄自己的能力。

一个人通过自身的诚实努力和内在品德而获得的奖赏，他是不会拿出来炫耀的，也不会引发骄傲自大的情绪，只能让他更加谦逊。

巨大的勇气和巨大的骄傲通常无法共存。

培养勇气的最佳途径，就是培养内心的美德、增加头脑中的知识、提高自身的能力、学会控制自己的各种意愿和才能。

知识就是力量。有力量之人不会成为懦夫。

无知产生自大。智慧滋生内心的勇气和自信。

精通自己工作的人很少感到不安，他知道自己有能力处理好，他知道自己可以应付各种紧急情况，他深知自己胜任这份工作。

软弱之人、缺乏自信之人、害怕失败之人，从内心来讲都是懦夫，无论他怎样为自己辩解，通常都是把自身的错误推到别人身上。

爱默生说过："自然的法则就是：如果敢于尝试，你就会得到力量，反之亦然。"

笔者曾经询问西奥多·N. 威尔（Theodore N. Vail），请他提供一份"成功的配方"，他的答复是："集中、刻苦、坚持、良好的判断力、想象力，以及勇气。千万不要轻易气馁。"

失败者通常不愿责怪自己，他认为全世界都在和他作对。

有勇气之人处于逆境时，不屑于怨天尤人。"我才是命运的主人。"他这样对自己说，然后筹划、行动并且坚持。

掌握了乘法表的小学生不用害怕课堂测试，而逃避学习的学生被老师叫到黑板前面时，则会吓得发抖。

在人生这所大课堂中亦是如此。

如果我们通过认真刻苦的努力，学到了我们应该掌握的东西，就可以带着自信和勇气，坦然面对各种挑战。

如果我们逃避了学习，则可能表面装出一副有勇气的样子，内心却有一种懦弱的负罪感。

有四张同花的牌手可能在牌局上故作镇定，表现得非常大胆，但是他心中清楚，一旦被叫牌，必输无疑。

人生中我们迟早要被叫牌。

没有勇气，就无法到达成功的顶峰。

不经过困难的磨炼，就无法在最大程度上激发我们的勇气。

我们通过对自我的控制和把握以及对工作的熟练与精通，最终征服恐惧、获得勇气。

简言之，勇气源于我们的内在素质。

2. 怎样在事业方面培养合适的勇气

勇气有很多种，在不同的情况下，人们选择不同的勇气来解决当前的问题。让我们来分析一下你的情况，看看哪一种勇气最适合你。

你是否害怕自己的妻子？当她在生活方面的花费超出了你的支付能力，财政赤字不断上升的时候，如果你没有勇气让她面对现实，根据你的收入水平，在生活上量入为出，以便消除赤字并留下积蓄，那么你就会陷入负债的境地，面临牢狱之灾。即使你能把债务控制在合法的范围，拆东补西、寅吃卯粮勉强度日，这种糟糕的情况也已经破坏了你在事业上有所进取和成功的机会。

你是否不敢得罪自己的伙伴？当他们邀你去喝酒或者抽雪茄，而这样做会损害你的健康，或者拉你参加一些能够损害你名声的赌博时，你无法对他们说出"不"字？清醒过来吧，你得学会承受自己不愿看到的场面，咬紧牙关坚强面对。现在就行动起来。

另外，还有些人天生胆怯，生怕自己将来变得贫穷，所以在金钱上斤斤计较，这样的人迟早要让自己和妻子挨饿，损害两人的健康。

他否认自己和家人应该得到一些必需的娱乐和精神方面的享受，无视人生的丰富与美好，他们属于典型的吝啬鬼和守财奴，所有的吝啬鬼都是懦夫。也许你还达不到吝啬鬼的程度，但是身上已经具备了吝啬和贪婪的特质，那么你可能已经离吝啬鬼相差不远了，你会发现自己在内心深处害怕花费那些应该花出去的钱财。现在请好好想想，你是不是属于这种类型的人呢？

这样的人一般不敢在事业上承担任何风险。各种类型的商业其实都具有赌博的性质，有利可图的机会一般都存在一定的风险。如果胆小保守到一定程度，你的利润就会下滑。所以，当机会女神来到你的面前，一定要毫不畏惧地拥抱她，尽情亲吻她的嘴唇。难道听到这样的比喻，你也仍然退缩不前吗？

你是否曾经让机会白白溜走？

好好想想，是否有过？如果答案是肯定的，那么请鼓足勇气，坚定地做好准备，迎接下一个机会的到来吧。因为每个人都有自己应得的好运，如果他能看到这种运气并且好好利用的话。

在商业活动中，最雄伟的勇气堡垒和要塞，建立在对工作的精通、对客户的掌握、对商业情况的熟知等基础之上。这种堡垒一旦建成，当你遇到好的机会时，就没有什么东西能阻止你得到它，有巨大勇气的人会自然地奋战到底，直到战役胜利那一刻为止——这也是存在于众多的美国商业领袖身上的令人羡慕的品质之一。你的认识水平会不会只停留在事物的表面，每日做着最简单的事情，让人看来似乎这样是最稳妥最适当的举措？或者你能踏到知识的磐石之上，与坚定不移的勇气为伍，即使世人的意见与你相左？

如果你认为自己有充足的勇气，那么请分析一下它是否属于适合你的那一种。

你是不是一位轻率的投机者？那绝不是有勇气的行为。

你会不会对任何取笑你的人挥起拳头？那也不是真正的勇气。

或者，你身上是否有一种稳定不变的品质，会让你在应该拒绝时，平静坚定地说"不"，在应该接受时，平静坚定地说"是"！

发展勇气之道，首先要诚实地对待自己——然后每天坚持锻炼和强化自己的精神力量，在精神上"咬紧牙关"，加上真诚、严肃的自我反省，每日如此坚持下去，就会让你的勇气像锻炼过的肌肉一样，获得与日俱增的力量。

你是否需要这种练习？

可不可以现在就开始做呢？

只要你具备真诚、正直、认真、勤恳、坚持不懈这些美德，就可以在内心深处将它们转化为取得成功所必需的勇气。

Chapter 24
自立是希望、灵感
和勇气的源泉

自立是一种多元化的美德，是集勇气、干劲、希望、决心、热情、抱负和坚持于一身的品质。

1. 自立本质上是一种合理的自信

"如果只对别人言听计从，那么我将一事无成。"克利斯朵夫·汉尼维格（Christopher Hannevig）说。他是一位出类拔萃的挪威年轻人，欧洲的大战爆发之后，他便来到美国，以 1 万美元作为本金进入了航运业，三年之后，他拥有的资本达到了 1000 万美元。

这个年轻人拥有自立的品格。

缺乏自立，任何人都不会获得最大程度的成功。

自立的一个比较完美的定义是——"一种多元化的美德，是集勇气、干劲、希望、决心、热情、抱负和坚持于一身的品质。"

约翰· D. 洛克菲勒曾对笔者说："年轻人总是希望别人为他们代劳许多事情。通过对自己事业的全面了解以及对钱财的节省，他们终将把自己武装起来，具备独立做事的自立能力。"洛克菲勒先生就是他那个时期由自立走向成功的伟大人物之一。

与之相似的还有一些成就卓著的商业领袖——哈里曼、弗里克、斯蒂芬·杰拉德、伍尔沃斯、范德比尔特、A. T. 斯图亚特、爱迪生、希尔、维尔、加里、罗伯特·大莱（Robert Dollar）等人。

自立产生勇气、信念、决心和永不言败的精神。

缺乏自立，就无法克服前方道路上那些必然到来的困难。

自立是希望、灵感和勇气的源泉。

它为意志、头脑和四肢增添力量。

自立如同一根结实的撑竿，你可以利用它越过人生的障碍。

失去自立，你将变得软弱、胆怯、犹豫。即使只是看到困难的影子，你也会吓得颤抖不已。

如果惧怕失败，你就已经是半个失败者了。

福煦元帅曾经说，一场在精神上被敌人打败的战役才是真正的失败。正如马恩河战役中的法国，虽然遭遇了一定的失利，但他们的精神没有战败，所以当福煦下令进行反击的时候，他们可以转败为胜。

阿基米德也正是以"给我一根足够长的杠杆和一个支点，我可以撬动地球"的言论而闻名。

现代社会中，具有阿基米德精神的人们，正是那些为自己制造杠杆和支点的人。他们不会坐等别人把这些工具递到自己手里：他们会主动寻找这些工具，或者把它们制作出来。

信念和自立这两样东西，要靠你自己去寻求，而不是别人的施舍。

"胸无大志，难攀高峰"。

不要做精神贫穷的小人物，要培养自己拿破仑般的高贵气质和雄心壮志——拿破仑不仅充满自信，而且当他站在数十万人的军队面前时，会用自己的精神力量激起他们必胜的信念。

一位经验丰富的主编多年前曾经对笔者说："不要给那些适

合用大字体标题的故事使用小标题，因为读者会认为这个故事的内在价值不高，因而不会予以重视。"

"自己不动，叫天何用"，是索福克勒斯的名言。

"世界站在那些知道自己前进方向的人那边。"大卫·斯达·乔丹（David Starr Jodan）如是说。

现在你应该抓住问题的本质了吧。

你必须知道自己的前进方向。

无知的人永远无法自立。

自立必须建立在牢固的基础上。

自立形成于自信之先。

大卫如果没有准备好自己的投石机的话，是无法战胜强大的勇士歌利亚的。他的自信并不是盲目的，正因已经做好了准备，所以他有理由相信自己的能力，他深知凭自己的技巧，一定能够用石头准确地击中那位傲慢的巨人的前额。

我们的士兵在上前线之前或许士气高昂充满自信，但是如果不在战壕中进行适当的准备和训练，则很容易被敌人打败，因为之前所谓的信心是没有准备的、缺乏根基的盲目自信。

当扫罗皈依基督，改名保罗，成为耶稣的使徒之时，他表现出了非凡的信心，在艰难时刻仍能保持信念，正是因为他的自信建立在坚实的信仰之上。

被迫退位的俄国前沙皇就是缺乏自立的代表人物，他的无能导致了自己悲惨的命运。

德国皇帝是世界上最为典型的狂妄自大、荒谬蛮横、刚愎自用之人，他已经被历史毁灭了。

自立必须植根于健全的头脑和心灵之中。

自立本质上是一种合理的自信。

具备足够的个人能力之人方能自立。

停止盲目的自信吧，尽可能多地增长自己的才干才是正途。

非理性的自立，是一种愚昧的自大。

当一位冷酷无情的拳击手走进拳击场，面对杰斯·威拉德的挑战时，没有什么自信能够挽回他失败的命运。

真正的自立和自信可以使你充分地抓住机会，这种品质只能来自个人对美德、技能和经验的培养与积累。

有一本书叫作《每个人都是自己的律师》，一位聪明的律师曾经建议，这本书应该再加一个副标题——"但是每个案子都输"。

非理性的自信与合理的自信之间的区别，类似于骄傲自大和真正的勇气、狂妄和勇猛之间的区别。

一旦选定了目标，就应该不断提高自己的能力，为真正的自信和自立打好基础。

工程师们不会让重量为一百吨的货物通过承重能力只有十吨的桥梁，人的自信也是建立在具备相应的能力基础之上的。

在你付出大量的汗水、进行艰苦的训练，最终成为一名熟练运用投石机的大师之前，不要惹起巨人歌利亚的怒火。

而世界上的事情往往是这样，那些能力最差的人往往自信满满，能力强的人却缺乏应有的自信。

对自己的信心一定要有相应的能力做后盾，然后你才能真正地做到自立。

我们要像大卫、摩西和约书亚等人那样，做到实力与勇气兼备。

或者，在现代人中选择人生榜样，比如哈里曼，他白手起家，依靠奋斗得到美国数一数二的巨额财富和权势；比如伍尔沃斯，他曾被迫关闭了自己开办的五家商店中的三家，经历了巨大的失败，却毫不气馁，如今他已拥有一千多家商店，给他带来了相当于好几个百万富翁挣得的财富；比如爱迪生，他经历了两百多万次发明实验的失败，却从来没有灰心丧气过。

明智、理性的自信和自立，源于你清楚自己的能力和内在品德，清楚自己将会取得什么样的成就。

只是空想却不行动，你会一事无成。同样地，用虚假的信心迷惑自己，却没有理性和能力作为支柱，终有黄粱梦醒之时。

笔者初次接触高尔夫运动时，对自己的表现缺乏自信，但是当我坐到西洋棋棋盘面前，充足的自信又回到了我的身上。为什么？因为我知道自己高尔夫球打得不好，但在少年时代的那些漫长冬天里，居住在荒凉乡村的我没有什么别的游戏可以消遣，只好下棋取乐，居然成了西洋棋的高手。

一天，邻居年幼的女儿冒冒失失地闯进游泳池，尽管她一点都不会游泳。女孩最后得救了，驱使她进入游泳池的原因，可能就是一种非理性的自信。笔者的另一位朋友，可以潜在水下，从池塘的一头游到另一头，这种自信就是合理的，因为他是一位游泳好手。

学习成功就像学习游泳：必须具备足够的自信，但也要掌握必需的知识和能力。

有人问 D. O. 米尔斯："您的成功得益于什么样的影响？"他回答："我很小的时候就受到教育，使我明白任何事情都应该靠自己，未来掌握在自己手里。然后我就尝试自我奋斗，这是一个好的开始。我从来没有把时间浪费在等待财产的继承上，这种问题经常会拖住年轻人的后腿，很多人因此浪费了他们的黄金年华；另外，当他们得到了巨额遗产，根本不知道应该怎样利用它，因为他们没有培养自己管理钱财的能力。除了好名声，我从自己的家庭和亲戚那里没有得到什么财富。而且，即使继承到一小笔财产，在一个孩子眼里也会感觉很多，他的斗志就会随之销蚀，这对他来说是巨大的损失，因为他失去了培养取得成功所需的习惯的机会。"

发展全面的个人力量——同时最大限度地培养自信与自立的品质。

学习别人的长处，但不要依赖他们。

你必须用自己的双手为未来铺路搭桥，才能走向成功。

你必须拥有强有力的臂膀和充满智慧的头脑。

同样不可缺少的是坚定的脚步以及清醒的心智，昂首挺胸地踏上没有迟疑犹豫、毫不动摇、一往无前、自信和自立的通往成功之路。

2. 怎样实现理性的自立

我们必须像科学家从事精密的实验那样认真分析和称量自立的性质，看看我们所拥有的这种品质是否建立在理性的基础上，一旦它走得太远，就与愚蠢无异，而再也不是真正的自立。你必须依照自己的心理特点，运用某些原则进行分析。

首先，自立是一种贯穿一生的品质，一个人付出努力和汗水，为了实现和保持自立进行终生的奋斗。自立源于对某些事物的掌握和自信，而缺乏自信和"谦虚"是两种截然不同的状态。一个在某些方面取得显著成就的人，比如某位推销员，虽是销售奇才，但如果他和人们谈论起自己不熟悉，或是没有经过专业训练的事情，例如音乐，就会表现得比较无知。当然也有例外，但人们一般都把主要的精力放在某一方面的事务上，作为其终生的事业和努力的目标，只有长期专注于某项事业，才能获得稳固的自信和理性的自立。

我们之所以需要把毕生的精力都倾注在一项事业或者某个方面的事务上，是因为我们坚信，自己在某些方面必然有所擅长，取得成功相对比较容易。虽然一时无法证明，但是好好考虑一下，你就会向往这种成功，为此感到满意，这时你身上那种潜在的、安静的自信和自立感就会达到最佳状态。不要跟别人谈论这个，因为真正的自信很少跟自吹自擂、多嘴多舌的人产生什么联系。但是，如果表现的机会到了，一定要充分、勇敢地发挥自己的才能和潜质，带着完全的自信和自立。你也可能遇到失败，也可能误判了自己的能力，但是那没有关系，既然你已经决定把整个生命都投入到这项事业中，那么你就拥有一生的时间追求成功。勇敢地承受失败，然后再次开始——一次、两次、三次……不达目的决不罢休。一旦决定了终生事业，就要避免出现有勇无谋的盲目尝试，只有骄傲自恃的人才会犯这样的错误。

许多人准备了很长时间，但挑战一旦来临，就临阵退缩了。他们没有勇气破釜沉舟、不惜一切地赢得胜利，却很有可能在诸如赛马这种赌博上赔光身上的每一分钱；轮到施展自己的能力，做自己该做的事情之时，我们应该挺身而出，否则就是一个失败者，如果你犹豫或者退缩了，就是一个不折不扣的胆小鬼。

简单地说，产生紧张、犹豫、退缩等情绪的原因，从根本上说都是缺乏自信和理性的自立。

因为我们很难从一个人的外表看出他是否是一个傻瓜或者胆小鬼。

所以希望读者回想一下过去的事情，看看在不同的重要时机面前，你是如何表现的。

把你离开学校，参加工作后发生的与事业有关的主要事件（不包括其他的）按照先后顺序列出来：

你所遇到的第一个重要机会是怎样的？

请写下来。

你是怎样对待这次机会的？

请拿出勇气，诚实地写下真实的信息。

下面写出你所遇到的第二个重要机会。

也请你把当时的真实情形写出来。

以此类推，一直写到最近一次事件为止。

如果你能认真研究一下这份详细的记录，就不难发现自己是否缺乏自立和自信。如果答案是肯定的，你唯一要做的就是集中全部意志力，克服这种缺陷。

Chapter 25
用服务意识
打开任何一扇成功之门

　　我们在索取某样东西之前必须有所付出，没有耕耘便没有收获。同样的，必须通过服务来换取报酬，通过服务收获成功。

1. 提供怎样的服务就会得到怎样的奖赏

人们为了保卫国家而拿起武器加入军队的行动，叫作"服役"。

这是爱国主义的最高形式，一个人能为他的国家做出的最大付出。

人们服役的过程，就是为他人服务的过程。

通常，能够为他人提供服务，要比享受别人提供的服务高贵得多。

耶稣亲自为他的门徒洗脚。

古人在选择统治者时，要找出那些最有能力为人们服务的人、那些以自己的杰出才能脱颖而出的人、那些成功地为公众赶走敌人的人——威尔士亲王的座右铭是"我服务"。连晚近时期的那些国王亲自向敌人宣战，他们都没有忘记服务这一宗旨。

后来的国王们则不同，他们不再把服务作为自己的首要职责，转而要求别人为他们服务。

他们就通过这种方式亲手选择了自己的末日。

任何人，即使是动物，都无法忍受长期付出无休止的、不合理的繁重服务。

世人往往忽略了这个道理，不只是那些统治者，还有那些庞大的企业和组织、富人们和有影响力的政治家们，他们为了一己之私，只顾让人为他们服务，他们都善于利用别人而不是努力让自己变得对别人有用。

这样做的后果通常会给他们带来很大的教训，因此为公众服务的理念又重新流行起来。

国王们、各种组织、铁路公司、超级富豪和政治家们从教训中学到，他们之所以存在，是因为互相服务是人活在世上必须尽到的责任，他们必须担起这一责任才能保住自己的地位。

不劳动者不应得食。这条约定俗成的法令体现出最基本、最朴实的真理。

劳动即是服务，而且是有用的服务，推动着整个世界向前发展。

太多的个人和各种强有力的组织，都喜欢设想自己的成功，根据他们的想象，这种成功不是建立在自我付出劳动的基础上，而是建立在对他人的奴役上。

商务活动，特别是那些"大生意"，随之退化成为取胜不择手段的摔跤游戏，人人都想将对方除之而后快。这种现象的产生，正是由于人们忽视了基本的为人准则，使那些无视道德规范、藐视基督教精神的做法大行其道。

"在别人干掉你之前把他干掉。"一跃成为流行的格言。

竞争成为商业世界之神，这位神明提倡残酷无情的商场拼杀，任何有悖道德的举动，甚至是危害他人生命的不择手段的竞争，都被他宣布为合法，致使公众权益遭到随意践踏。但是，世间自有一种公正，是任何君主、托拉斯或者其他强大的势力永远都无法逾越的。上帝制定的自然规律对他们的惩罚迟早有一天会到来。

正如黑暗无法阻挡太阳的光线将其穿透，人们终将告别黑暗迎接黎明。虽然前面提到的这股蔑视人类道德的冷酷力量，妄图在世上建立一种基于强权而不是公理的新秩序，但是它的进展并不顺利，因为它自身存在致命的弱点。明智之人意识到，公平正义的原则一定会回归，公理必定取代强权，公正的做法应受到鼓励，不公正的举动必然遭到唾弃。

就像阳光逐渐拨开乌云，一条闪光的真理已经在世人心中形成："个人和商业组织必须提供应该提供的服务方能生存。"

"SUCCESS"（成功）这个英文单词不再被拼写为满是美元符号的"$UCCE$$"，而是拼为"SERVICE"（服务），对竞争的盲目崇拜应该让位于对互助与合作的大力提倡。

最近几年，各种组织和商业企业纷纷把自己的宗旨改为"服务"，所有的商业形式从根本上讲都是一种服务形式。商务可以简单地理解为：提供服务，得到报酬。

我们目前还没有达到这种境界，即那些提供最多服务的个人或者公司，总是能够得到最多的酬劳；但是我们正在朝着这种理想状态发展。

初入商界的年轻人渴望成功，但是必须认识到，他的每一分成功的价值，都等同于自己付出的每一分服务。糟糕的服务只能换取少量的报酬。

而了不起的服务，一般会得到极为慷慨的奖赏。那些一心想着成功的人，必须学会怎样提供最好的服务，怎样努力才能换来

高额的报酬，怎样让自己变成一个更加有用的人。

无可否认的是，我们之中最富有的人并不是每次都能给人们带来最有价值的服务，但是那些能够依靠自己的力量赚来巨大财富的人与别人相比，一定掌握了更高级的技巧，对事物研究得更透彻，工作更努力，筹划起来更一丝不苟、更有远见。

在不久的将来，人们付出服务之后一定会得到更为公平的报酬。

每个人都应该扪心自问的是：我怎样才能为世界做出更多的贡献？通过自我训练，我能给人们提供的最有价值的服务是什么？怎样才能尽我所能，通过学习、自律和奋斗，实现最大的人生价值？

那些只顾自己利益的公司或者组织也不会有长远的发展，如果它们不把眼光放远一点，多多考虑客户、合作伙伴以及公众的利益，就会永远停滞不前。

约翰·海斯·哈蒙德说："金钱应该通过正当手段得来。真正的成功只能通过为某个群体或者国家的利益服务获得。除此之外，别无其他形式的成功。一个人若有幸得到同胞的尊敬和爱戴，可算得是最大的成功。"

一位十分成功的商业人士曾说："处理好人际关系的最佳途径是为别人服务，服务别人之前首先要了解他们。对人性的研究，包括对你自己的研究，可以让你知道什么样的服务更加有效。普通意义上的服务，比如商业销售，你无须花费太多口舌向顾客介绍自己产品的机械原理有多么完美，更重要的是向他们展示这种产品可以为购买者带来怎样的服务。"

通常，提供怎样的服务就会得到怎样的奖赏。

换言之，我们必须提供全面的、合理的服务。通过服务可以打开任何一扇成功之门。"尽力榨取最大利益"这句话在现代商业社会，应该被"尽力提供最优质的服务"所取代。

我们在索取某样东西之前必须有所付出，没有耕耘便没有收获。

同样地，必须通过服务来换取报酬，通过服务收获成功。

2. 怎样培养服务的心态

应用心理学最重要的原则，就是精神作用与反作用是对等的。集中注意力到某个想法上，会自然而然地做出行动，除非受到相反想法的阻挡。这个规律适用于每个人——把你的注意力集中在某个想法上面，反复思考，你就会有一种去做这件事的自然倾向。你在试图对他人产生某种影响时，也可以利用这个规律——让他们把注意力集中在你的优质服务上，他们自然会产生一种愿意为你提供服务以示报答的倾向。

在独裁专制的国家里，人们所做的事大多出于被迫，因为暴政的惩罚太过严厉，人们为了躲避它，不得不做己所不欲之事。美国的商业沾染了一些这样的元素，所以尽管它以自由为原则，但带有政治色彩。目前在商界比较流行的思想就是用各种方式把公众逼到"墙角"，让他们不得不购买你的产品。这样做的缺陷在于，当人们不得不买这些东西时，这种逼迫的形式或许有效，但当他们找到另外的解决之道时，就会停止购买。正如德国政府也曾经在政治方面向全世界施加这种压力，我们可以看到，这样做是多么的徒劳，没有人自愿买他们的账。

这种"挤压"式的策略也同样存在于托拉斯这种形式中。

人们发现，现代商业世界中，通过在数字方面的精打细算以及真诚的服务，可以起到同"墙角"类似的促进购买的效果，人们认为这是一种自愿的购买行为，而不会感觉受到任何强迫。这才是真正的自然有效的推销模式，因为它是自然诱发的，所以消费者不会有被迫的感觉，也没有任何后顾之忧，通过这种途径还可以建立起巨大的商业信誉，而信誉是唯一能够让企业延续下去的东西，也是一个健康长久的企业所能建立的唯一准则。

现在，不妨分析一下我们自己：你的个人或者企业是否建立在服务的原则之上？你是否相信，通过满足别人的愿望，比起使用某种强迫的方式，更能让人们按照你的想法去做？

然后看看你在商业活动中的具体表现。请准备一张纸，在中心位置画一条线，在左半部分写下那些接受你的服务之后，人们成为你的忠实客户的事例，右半部分则把那些带有强迫性质的做法记录下来，人们虽然不喜欢这样的做法，但由于某些制约因素，不得不进行购买。

你也许会觉得自己无法避免轻微的强迫行为，但是请逐个分析这些事例，看看能不能提出更好的调整方案，从而引发更多自觉自愿的购买行为，代替强迫性销售。细节在任何时候都很重要——即使是最琐碎微小的事情，也会影响到顾客的感觉和态度，甚至比整体过程的影响力更甚。现代服务理念要求在每个关键点上都建立自由的、具有互助性的合作关系。首先，撇开是否有利可图不谈，因为顾客迟早会在优质服务的感染下慷慨解囊，因为对你所做的每一件小事都留有良好的印象，他们会很高兴地付款。这就是我们为什么需要利用这种细节分析的方法检查自己的商业习惯和表现的重要原因。

我们在索取某样东西之前必须有所付出，没有耕耘便没有收获。同样的，必须通过服务来换取报酬，通过服务收获成功。

Chapter 26
忠诚是成功的基础

忠诚是个人成功的基础之一，也是一个家庭、企业或者国家取得成功的必需品质。

1. 忠诚是公司最有价值的资产

当一群著名的成功人士正在讨论具备何种品质的员工或者客户是公司最有价值的资产时，"忠诚！"J. P. 摩根公司的著名合伙人亨利· P. 戴维森（Henry P. Davison）这样回答，他的意见立刻得到大多数人的认可。

忠诚是个人成功的基础之一，也是一个家庭、企业或者国家取得成功的必需品质。

旧时的伟大帝国就建立在忠诚的基础之上，当领袖们拒绝为国家效忠时，帝国就会瓦解崩溃。

是什么力量曾经让一个有史以来面积最为宽广的帝国崛起？是不列颠民族的忠诚，它存在于大英帝国的每条血脉之中。

是什么力量使天主教会这一古老的组织从数十个世纪的历史中延续下来？是神职人员和教众的忠诚。

一支伟大军队的力量来自哪里？每一名士兵对首领的忠诚。缺乏忠诚的军队如同一群乌合之众，毫无力量可言。

什么导致了俄罗斯帝国的庞大军队的崩溃？什么导致了意大利军队的四散奔逃？是对德国政府征服世界的阴谋潜在的不忠诚和不信任。

不忠会导致内部瓦解，是走向衰亡的催化剂。

忠诚，是一种包含信念、坚定、信任、依赖、团结等因素的综合品质。

哪些行为与不忠如影随形？背叛、欺骗、暗算、恶毒密谋，不忠就像隐藏在刺客身上的匕首。

历史上，无论在宗教还是在世俗方面，谁的名字最常受人诅咒？犹大（Judas Iscariot）。从他背叛了耶稣的那一刻开始，"犹大"这个名字就成为令人厌恶、面目可憎以及卑鄙恶劣的同义词。

19 世纪最大的商业组织的创建者约翰·D. 洛克菲勒被问及其成功的秘诀时，这样告诉笔者："我们把全国最有能力的头脑集中到公司来，大家开诚布公、齐心协力，每个人都在事业上付出极大的努力和忠诚。"

如果美国钢铁公司的 E. H. 加里没有成功唤起多位工业巨头以及数千名职员的忠诚合作，就不会有辉煌的成功。

伯利恒公司的巨大成功，不仅归因于查尔斯·M. 施瓦布的卓越才能，更离不开公司成立时，施瓦布先生挑选出来作为其合伙人的十五名工人付出的忠诚、热情和有力的支持。

缺乏忠诚，人们在任何方面都不会取得什么成就。

即使是盗贼也崇尚忠诚，曾有谚语说："盗亦有道。"

忠诚的重要性自不待言，我们要问的问题是：怎样激发和培养忠诚？

一个人要赢得和引发忠诚，他确立的目标就必须配得上这种品质，值得付出全心全意的努力。

厌恶自己工作的人永远都不会成为忠诚的员工。

惯于用欺骗手段对待客户的公司老板，他手下那些正直的员工也不会对他表示忠诚。很多雇主一方面怂恿雇员们用不道德的手段对待顾客，另一方面仍然希望这样培养出来的员工对他本人效忠。如果你让你的雇员欺骗别人，你就必须做好准备，以防他骗到你的头上。

获得成功的先决条件之一，就是进入值得你付出忠诚的行业和企业。

忠诚不仅是指个人每日尽职做好本分，还意味着更多无法用语言描述的东西。

忠诚的员工时刻有所准备，如果出现紧急情况，他就会牺牲自己的舒适，甚至是自己的利益。他一定不会为了一时的好处就不顾公司的利益，他不仅投入自己的才智，而且还把热情、兴趣和强烈的意愿都投入到本职工作中去。

一位成功的商业女性告诉笔者，当她只是一个小职员时，当需要给商业信函加上地址时，她处理每一个信封时都全心投入。

这就是真正的忠诚。

忠诚与工作的关系，就像那个小男孩所说的盐与肉的关系——"没有盐，连肉也变得难吃了。"

忠诚就是加倍的服务。

尽管难以给出其完整定义，但忠诚是很容易被察觉到的，最成功的公司老板都渴望得到忠诚的员工，并且十分乐意给他们应得的奖赏。

无论某位雇员多么聪明有头脑，多么有雄心壮志，如果他的雇主发现他缺乏对企业的忠诚，就不会对他委以重任，因为不忠会引发不信任。

历史上，许多国家、组织和个人面临危急关头时，最需要的就是人们的忠诚。

没有人能够想象，如果没有纳尔逊勋爵在特拉法加湾用旗帜作为信号，向舰队发出的不朽号召："英格兰期盼人人恪尽职守"，世界的命运将会发生多大的改变。

没有任何一个历史时期像今天这样需要我们对国家付出忠诚。或者我们可以利用这个机会培养自己的忠诚——是的，我们也可以在忠诚感中生活——这是从来没有过的。

在日常生活中，我们可以通过几乎每一个细微的举动体现忠诚或者不忠。比如，通过我们在饮食方面的表现，如节省下肉食和小麦作为军队的给养，来表达对国家的忠诚；通过购买或者不购买自由公债表现我们对战争的态度；是放纵自己还是拒绝参加不合时宜的奢侈享受。

美国人如今有机会把一个人一生的爱国主义情怀"浓缩"起来，倾注到一整年的对国家的忠诚支持上面。

我们的国家比以往更需要我们付出忠诚，伟大的商业组织同样需要他们的成员付出忠诚，如果他们无法热情洋溢地投入自己的工作，就不适合留在这样的公司。

当一个人在艰苦的条件下表现出高度的忠诚，尽职尽责地提供服务时，他就有资格得到慷慨的奖赏，就像圣经故事中那位仆人，将主人给的一锭银子物尽其用，发挥自己的才智赚来十锭银子时，主人对他的奖赏——"你既在最小的事上有忠心，可以有权柄管十座城"。而把主人给的一锭银子保管起来，什么事情也没有做的另一位仆人，最后连仅有的这一锭银子也失去了。

那些有能力、能够自律、不断锻炼自己，在各方面把自己武装起来的人，才能更为出色地表现忠诚。

忠诚，是一种无私的、时刻准备把某个组织或者国家的利益放在第一位的品质。这种无私和自我牺牲，应该也体现在这句名言中："对你自己忠实，并长久坚持，你将不会对别人虚情假意。"

2. 怎样解决与忠诚有关的问题

现在，你已经明白忠诚的益处，但是怎样才能在自己身上体现这种美德呢？

照例，还是请你拿起一支铅笔，我们来分析一下你的情况。

我们忽略那些跟私人关系有关的忠诚不提，比如你在公司受到别人的诱惑时，对与你订婚的那位姑娘保持忠诚，或者忠于自己的父母等等。着重探讨在商业关系中产生的与忠诚有关的问题。

假设你有一位人品有问题的雇主，当你发现如果有必要的话，他会毫不犹豫地出卖你时，你会对他保持忠心吗？

在这个例子中，你的忠诚原则与雇主的毫无原则产生了冲突，你唯一能做的事情就是尽快离开这位雇主，寻找一位为人正直的老板，加入他的企业，对他表示忠诚。

当你得知或者相信自己的上司没有资格得到你的忠诚时，如果还继续为他效力的话，就是对你自己最大的不忠。

如果你身为上司，发现了不忠诚的雇员，则是另一回事，你可以凭借自己的判断来决定是否终止这段雇佣关系。但是不可否认的是，大部分雇主都特别害怕遇到不忠的下属，他们不会冒险与这样的人继续打交道。

本人就曾经和许多不正直的人做过生意，但是我知道自己可以控制这种风险，并且做好了应付任何紧急情况的准备，一旦出现什么情况，我的神经就紧张起来，我发现和那些自己可以完全相信的人做生意是一种更好的选择，我可以和他们建立起稳定可靠的相互信任与忠诚关系。

假设你的雇主正直诚实，但是有时你认为自己的利益和他的利益无法协调一致，你应该坚持自己的利益还是他的利益呢？

笔者认为答案是相当明确的，你可以坦率地告诉他实际情况，表示在目前的环境下你还是应当先考虑自己的利益，如果不打算告诉他这一切，你就应该毫不犹豫地放弃自己的利益转而维护他的利益。

当然，我们还是希望雇员和雇主的利益能够协调一致，这也是最常见的情况。你会对雇主产生一种发自内心的尊敬，同时还希望他对你也能有同样的感觉。

这样你就可以安心地尽职尽责，努力发挥自己的才能，忠诚地为企业服务。每位商务人士都应该对他的客户抱有一种忠诚感，就像每位雇员对他的雇主应该做的那样——这种忠诚会使他们极力提供最好的服务。

你现在是否就处在以上所提的这种状态呢？是否已经准备好，随时为你的雇主、你的雇员或者你的客户提供最好的服务？

如果答案是否定的，就请设法尽快让自己达到这种状态。

如果答案是肯定的，请估计一下你的忠诚能够达到什么样的程度，是有限的，还是无条件的？

如果你承认是有限的，那么你是否意识到，如果对某项事业的忠诚达到一定程度，把它当作自己的事业来看待，它就会给你带来巨大的回报？

请记住，你对自己的雇主付出多少忠诚，他就会回报多少忠诚。

你的雇主对你的忠诚程度是否令你满意？

如果不满意，请在事业上投入更大的努力。

不妨坐下来，给你的雇主写一封信，告诉他详细的实际情况，和他探讨一下各种细节，用这种书信的交流方式，你可以更好地掌握对方的情况。

忠诚是个人成功的基础之一，也是一个家庭、企业或者国家取得成功的必需品质。

Chapter 27

记忆力是一个人
最宝贵的资产

良好的记忆力，对于在金融、工业或者商业方面取得成功是不可或缺的。

1. 记忆反映的是我们用心去记的事情

美国最大的商业集团的主席詹姆斯·A. 法雷尔（James A. Farrell）是笔者见过的拥有最强记忆力的人。

当初，一位年轻人得到了丹佛电力公司的一份办公室工作，工作的主要内容是记住每个客户的名字，以便在他们来公司缴纳每月的费用时进行接待。如今他已经成为多个商业集团的负责人或董事，尽管他才只有 45 岁。他的名字是弗兰克·W. 弗鲁奥夫（Frank W.Frueauf）。

芝加哥大火烧毁了城中几乎所有的法律书籍和文件，律师们惊慌失措，没有这些资料作为参考，他们无法在起草文件时使用正确的法律术语，直到他们发现一位年轻的律师，他可以依靠自己的记忆写出措辞完全正确、格式得当的各种法律文件。他就是现在世界上最大的商业集团的负责人——E. H. 加里。

当年，一位来自西部农场的男孩，决定通过训练记住大量的人名和面孔，以便帮助自己建立一个广阔的商界朋友圈。至今为止，他还能叫得出很多银行家的名字，他就是芝加哥最大一家银行的总裁——乔治·M. 雷诺兹（George M. Reynolds）。

詹姆斯·J. 希尔（James J. Hill）是美国有史以来最伟大的铁路建筑者，他是对美国西北部的铁路建设所做贡献最大的个人，也是笔者见过的拥有惊人记忆力的人之一。

弗兰克·W. 伍尔沃斯现在是美国最大的零售商，曾经把自己生意的每一处细节都记在脑子里。

良好的记忆力，对于在金融、工业或者商业方面取得成功是不可或缺的。

而且，记忆力是一个人最宝贵的资产——丧失记忆往往导致精神失常。

记忆反映的是我们用心去记的事情，无论记忆内容的好坏。

就像很多事情一样，如果你忽略它，它就会在你的记忆中消逝。

如果得到适当的锻炼，记忆力就会结出无价的果实，不仅为你带来财富，还会为你的暮年带去欢乐。

懒惰的人总是抱怨："我的记忆力太差了。"或是"我真是天生健忘。"

实际上，很少有人天生就拥有好的记忆力。

那些强大、值得信赖的记忆力通常是锻炼和培养出来的，是刻苦努力的结果。这种训练的开始尤其有难度，它实质上是一种大脑的锻炼，通过适当的刺激，准确地回忆起相应的事情。

如同人的大部分习惯那样，培养自己记忆力的习惯一旦养成，就可以在你无意识的情况下自动发挥作用。

希尔、法雷尔、雷诺兹和弗鲁奥夫等人小时候的记忆力并不比别人出色，但是他们都十分重视培养这种能力，并且坚持到底，所以最终能够从中获益。一个人只要用心培养某一方面的能力，假以时日，就能得到相应的益处。

以笔者为例，如果我经常思考和设想自己的写作内容，真正动笔写作的时候就会得到事半功倍的效果。那些著名的实业界人士对我说过的那些有意义的内容，我几乎全部能够记住——这种能力不是天生的，而是后天的需要激发出来的。值得一提的是，采访这些人物时，当受访者看到你拿出了纸笔，通常会一改自然随意的态度，变得严肃起来，而且特别注意自己的措辞，他的谈话更像是一篇演讲而不是日常的闲聊了。

虽然拥有这样的能力，但是我无法告诉你哪支棒球队是联盟首领，或者任何赛马的成绩，我也经常忘记自己是否观看了某出戏剧。这是因为我不会去尽力记住棒球或者赛马的数据，我看戏的目的只是消遣，而不是变成一本戏剧百科全书。

我曾经询问詹姆斯·J.希尔是如何获得非凡的记忆力的，他回答："人们很容易记住自己感兴趣的东西。"

法雷尔先生也用另一种表达方式表示过类似的看法，他说："我对与钢铁和航运行业有关的事情充满了浓厚的兴趣，因为这是我的本行，了解这些东西是我的工作。但是我不会试图得到任何无关的多余信息，绝不会让一些无用的数据占据我的头脑，这样我的大脑才会有更多的空间存放有用的记忆。"

良好的记忆力通常与良好的忘记能力共生并存。你必须将注意力集中在最重要、最基本的信息上，坚决地把那些垃圾、无用的记忆清理出你的头脑。

忘记无关紧要的信息最简单的方法，就是不要让它在你大脑里停留太长时间，无视它，拒绝回忆这些信息。

人类的记忆空间就像一座公寓，你可以运用理性把它装修得舒适漂亮，它对你来说就永远是温馨的港湾。有人同样也会把毫无价值、丑陋破烂、有毒有害的东西积聚在这座公寓里，这样不仅本人感觉不到舒适，而且绝不会得到什么益处。

也可以把记忆比作一座花园，经过辛勤耕种和细心照看，就可以开出美丽的花朵，长出各种植物，结出丰硕的果实。如果疏于照料，只能得到丛生的杂草。

记忆是一块田地，只有精耕细作和灌溉施肥才能长出最好的庄稼，当然更要付出辛苦的劳作，杂草和害虫才不会在土壤中肆虐生长。

即使是办公室打杂的工作，雇主们也不会让一位健忘的年轻人去做。

至于那些更加重要的职位，当然应该由那些记忆力出众的人担任，因为在这些位置会面对更多棘手的问题，如果记忆力不佳，完全无法应付。

罗马不是一天就能建成的，培养记忆力当然也需要时间，它不会在一瞬间按照你的意愿开花结果，而是有成千上万的脑细胞等待着你去训练。花费大量时间精力培养出来的超群的记忆力，会给你带来无法估量的价值，远远超过你的投入。

有时我们还会看到一些广告，它们纷纷向你保证，只要按照某位绅士发明出来的神奇方法进行练习，就能在短短一个月、一个礼拜，甚至一夜之间获得惊人的记忆力。依笔者看来，这些发明家还不如把自己的聪明才智用在一些高尚的目的上，而不是为了赚钱。

世上并不存在什么仙女和魔杖，能够在眨眼之间赐予你非凡的记忆力，人们也不会凭空插上翅膀，飞向自己的目标。

必须依靠自己，依靠一步一个脚印的诚实努力。

笔者的意思并不是说，你无法从那些长期从事专业研究的权威人士写出的那些科学可信的书籍中得到帮助；相反，如果你能认真地研读一到两本这样的书籍，就会树立起对记忆力培养的重视理念，走上用科学方法进行训练的正途。

但是，千万不要认为完全依靠别人就能提高自己的记忆力，关键在于你自己，而且凭借一己之力完全可以成功，无论多么繁重的工作，都必须担在你的肩头，都必须亲自去做，更不能用金钱买来轻松和解脱，只能靠勤奋与坚持。

"记忆力的培养，要形成有规律的习惯，方能达到理想的效果。"

法雷尔先生曾经这样说。

那些把晚上应该休息的时间用在有害或是无益的消遣上的年轻人，第二天早晨走进办公室时，他们的记忆绝对不会处于清醒敏锐的状态。

因为迟滞的目光、沉重的脑袋，以及无法由大脑完全控制的身体，是不会产生完美的记忆力的。

那些让大量与正题无关的东西充斥自己头脑的人，一定会陷在这些无用的记忆中，任它们阻碍自己正常的思路，他们的脑中也没有足够的空间用于吸收那些有用的事实、人物和其他数据。

即使是有节制的饮酒也会使记忆变得迟钝，大量的酗酒更是将成千上万的人变成傻瓜。

正派、健康、有条理的生活，需要具备同样健康、有条理的记忆力才能实现。

人类的头脑，是一件多么神奇的创造物，它的潜力是不可估量的。

只要你选择了正确的方法，勤于锻炼，坚持到底，就不仅可以发展出强大的记忆力，还会使其他的精神力量得到高度的培养和完善。终有一天，你会让所有的朋友感到惊奇，取得物质和精神两方面的双重成功。

2. 怎样培养有用的记忆力

在过去的 15 年中，专业的心理学家对人类的记忆机能进行了非常系统的研究，一些与研究结果有关的书籍也陆续推出，向普通学生阐释这些科学研究的内容。下面是研究得出的一些基本原则：

（1）记忆主要取决于头脑最初的铭记，以及对被记忆事物的专注。例如，如果你努力盯着某张脸看几秒钟，希望记住它的样子，就应该观察鼻子的长度、前额的高度和宽度、眼睛的特征、颧骨、嘴部、下巴、肤色等各处特点。我们脑中首先要对几种主要的脸型有一定的印象，如漂亮精致型、肌肉粗犷型、德国型、英国型、年轻的美国商人型等，然后把你观察到的脸型归入合适的一类。用类似的方法记住脸主人的名字，在脑中默念一两次，在想象中拼写一遍，然后把名字和脸庞联系起来。

当你在工作中遇到一些必须记住的事情，你是否会利用系统记忆法，一次记住某一个细节。或者，你也许会问："我的记忆力很差，这办法会管用吗？"如果利用系统记忆法，任何人都能记住这些事情。你要不要试试？

（2）为了回忆起那些记在脑中的事物，我们必须使用联系回忆法——用联想一个接一个地回忆，这样，当我们希望回想某些东西时，可以从一个事实或画面跳跃到另一个，直到到达想要的那件事物为止。

有些事实在脑中记得非常牢固，因为你太熟悉它们了。如果我们试图记住一样新东西，就得把它同另一样我们十分熟悉的东西联系起来，通过这种辅助，我们的回忆效果要比单纯地回想某个独立的词、画面或者事实要好很多。举一个简单的例子，请你试着记住这些完全不相干的词汇：帽子、母鸡、火腿、野兔、小山、鞋、奶牛、蜂箱、猿、森林。请在头脑中想象一幅清晰的帽子的画面，可以将它稍稍地夸张一下，也可以把它想象成处在运动状态的，然后把这个帽子的形象与母鸡的形象联系起来，比如设想一只正在散步的母鸡戴着一顶丝绸帽子；接着再把母鸡和火腿的形象联系起来（比如母鸡正对着一只装在黄色大袋子里的火腿又啄又抓），不要去想帽子；然后想象火腿和野兔的画面，别去想母鸡；接着可以设想一只野兔从小山上跑下来的场景；等等，以此类推。

在 5 分钟里你就可以创造出一根清晰的由 10 幅画面组成的记忆链条，每个词分别出现在两幅画面里。如果你想起帽子，也会联想到母鸡；母鸡会提醒你想起火腿，火腿让你想起野兔，野兔让你想到小山，你可以很顺利地沿着这根链条回忆起很多画面。然后，当你在脑中完全建立起这些画面的场景时，就可以把它们按照一张清单粗略分类。比如食品杂货清单，包括面包、鸡蛋、咸肉、火柴、茶叶、盐、糖。在脑中设想，把一片面包与一顶帽子联系起来，鸡蛋和一只母鸡（这比较简单）、咸肉与火腿、火柴与野兔，等等。

如果你能按照这种方法进行记忆，就能很容易地记住大量的内容。

首先集中注意力，然后构建一条内在联系的记忆链，也可以把需要记住的新内容与自己熟悉的东西联系起来辅助记忆。

（3）每个人都有一种最适合自己的、最有效的记忆方法。大多数人对视觉形象的记忆最深，但还有些人最容易记住各种声音，还有人能通过某些肌肉的动作进行记忆，比如说话时喉部肌肉的运动。如果你最善于记忆视觉形象，那么可以把各种抽象的东西转化成图形，这样就能轻松记住了。Loisette 记忆法利用字母来记忆各种数字和编码的办法也很有效。

Chapter 28
有益的休闲
对成功的影响巨大

休闲消遣的目的不仅是娱乐，也不是浪费时间，而是保持我们的健康，帮助我们恢复精力，提高工作效率。

没伞的孩子要努力奔跑

1. 有益的休闲消遣可以给人带来灵感

　　休闲和消遣的目的是恢复精力和能量，包括我们的体力和精神，以及对工作的热情和兴趣。

　　"那些一年整整工作 52 个星期的人，无论什么时候都达不到最佳的工作状态。"世界上最大的冶炼和矿业家族的族长丹尼尔·古根海姆（Daniel Guggenheim）曾经这样说。

　　"有些人认为我像奴隶一样终日工作，实际上，"约翰· D. 洛克菲勒目光闪烁了一下，说，"到了 30 岁中期之后，我就经常偷懒。每年我都要到克利夫兰附近的乡下房子里度过整个夏天，我与商业世界的联系仅仅是一条私人电报专线。我相信休闲和消遣的功效。"

　　当安德鲁·卡内基功成名就之后，他也成了一名偷懒者。他很少出现在钢铁厂里，而是在纽约享受着多姿多彩的人生，还常常去欧洲旅行，甚至去东方或者其他遥远的地方。

　　最近的报纸曾经描述了科里曼·杜邦（Coleman du Pont）惊人的精力，他可以在吃早餐的时候考虑购买华道夫—阿斯多里亚酒店的事宜；在午餐前处理一家工厂的运作；然后，黄昏之前，他又摇身一变成为一家金融组织的关键人物。但是即便如此，也没有人能赶得上这位精力异常充沛的人对运动和其他消遣活动投入那么多热情和时间。

罗斯福在取得多样化的个人成就方面，可能已经创下了全美国之最的记录，我们也知道他在各种娱乐消遣活动中是如何兴高采烈地全情投入的。

不知你有没有注意到，威尔逊总统——虽然处理全世界事务的重任有很大一部分都落在了他的肩上，但是他每天都要打高尔夫、驾驶汽车或者观看歌舞表演——即使工作再紧张，他也要每周去剧院观看三到四次表演。

实业巨头、拥有亿万美元资产的钢铁公司的总裁 E. H. 加里十分懂得放松之道。西奥多·N. 威尔也是如此，他在电讯领域的成就堪称行业里程碑。他们两人都已经年逾古稀，是健康长寿的代表人物。

爱德华·H. 哈里曼则相反，他几乎不参加什么娱乐活动，在 61 岁时死于工作过度。

詹姆斯·J. 希尔也是明智之人，他经常在晚上的时候演唱圣经中大卫的《诗篇》，或者听人演奏小提琴，他本人就是小提琴专家，而且还有许多其他爱好。希尔活了 78 岁。

我们中太多的人在年轻的时候把休闲消遣与生活放荡混为一谈，分不清前者和后者。

有益的休闲消遣可以给人带来工作的灵感。

休闲消遣的目的不仅是娱乐，也不是浪费时间，而是保持我们的健康，帮助我们恢复精力，提高工作效率。

任何损害我们的身体或者精神的消遣形式无法起到上述作用。

把晚上的时间无益地消磨在酒吧里的年轻人很难迅速恢复精力，无法高效地投入第二天的工作。

一场庸俗粗野的喜剧对任何人的精神世界都没有助益。

浪费挥霍我们的身体和精神能量的活动，一旦给我们造成了损害，就不能使其再生。

许多杰出的人物参加的消遣活动虽然各有不同，但是这些活动都有一个共同的作用，那就是能够使人精神奋发。

人们创造发明出的各种形式的休闲娱乐活动难以计数。唯一可以确定的是，世上的人无论男女老幼，都需要放松，需要消遣，需要娱乐，任何人都离不开休息。

英国在经历了一年多的战争之后，社会上出现了一些可喜的变化。

过去的法令曾经规定，所有工厂、船坞、军需企业和任何其他重要部门的人员每周必须工作 7 天，无论男女，每天的工作时间必须达到 12 个小时或者更多。结果，在企业老板们的驱使之下，工人们的劳动强度达到了极限，车间的机器不停运转直至深夜，任何假期都得不到批准。一批有远见的著名医生、企业家和心理学家发现，那些工作时间最长的地方，工作效率反而是最低的，在他们的努力下，政府同意展开调查，导致"只有工作，没有娱乐"情况的法令系统被立即废除了。

许多已经关闭的剧院又重新营业了；被禁的足球、高尔夫和板球等运动又恢复了生机；整个社会生活从死气沉沉的状态重新变得生机勃勃起来。

亨利·福特在他的工厂里，将工人每天的工作时间从 10 小时减为 8 小时之后，产品的质量不仅没有下降，反而有了很大的提高。

美国钢铁公司过去施行的每周 7 天的工作制度，如今已被废止。

芝加哥最大的一家银行的总裁——乔治·M. 雷诺兹，坚持要他的职员们每周除了星期天的休息之外，另外放一天假。"工作节奏太快或是压力太大，任何人都会受不了。如果一个人每周工作超过 5 天，无论他本人的身体还是他的工作都不会达到理想的状态。"雷诺兹先生对我解释这样做的原因。

爱迪生不会雇佣那些爱打高尔夫球或者有其他爱好的人担任高级主管，那是他作为天才自有的奇怪想法。笔者听说过的可靠消息是，大家普遍相信的爱迪生每天工作 14 到 16 小时，甚至达到 18 小时的传言，其实是不真实的，如果他的某位高级职员拿这条传言跟爱迪生开玩笑的话，会很容易将他惹怒。

美、英、法三国政府已经在军队中大力推行尊重并且保证士兵拥有适当休息时间的制度，以便他们更好地为保卫文明社会而战。这充分说明了休息和娱乐对于工作效率的重要性。

红十字会和基督教青年会通过给军队提供各种文娱活动，在相当大的程度上提高了他们的士气和精神状态。这些组织起到的作用，就像又增派了一支强大的军队一样。前总统罗斯福曾经说过："军队打赢战争的第二个必要条件，是有红十字会的援助。"

　　过去的军人经常在战争时期参加一些放荡的消遣活动，而不是正常的放松和娱乐，因为根本没有任何组织将后者提供给他们。无益的消遣使一个军队堕落，有益的娱乐则增加它的力量。

　　如今的我们都是士兵，因为我们需要打赢人生之战。为了成功，我们需要利用一切有用的鼓励和帮助，我们不能忽视任何可以增加自己的力量和必胜意志的因素。

　　是通过有益的休息重生自己的力量，还是放纵自己，需要每个人去选择。

　　怎样度过工作之余的空闲时间，决定了我们在工作时期的效率高低。

　　在你的每个晚上、星期六下午、星期天和假期里，是否用有益的活动武装了自己的身体和头脑，为人生之战做好了准备？

　　你的休息有价值吗？

　　每个星期一的早晨，你是否能够达到最佳的工作状态？

　　或者，工作后休息过一段时间，你是否可以马上完全投入工作？

　　凡是身体健康、有一份适合自己的职业、无论心脏还是精神都工作正常的年轻人，没有必要沉溺于那种无益的消遣，因为他会找到学习和放松兼备的、帮助自己实现梦想的真正的娱乐方式。

　　选择了错误的休息方式，比得不到足够的休息更为有害。

　　关键在于，你的休息方式必须是有帮助的，而不是有害的；然后再区分帮助程度的不同。

　　头脑的发展，需要随时补充大量的精神营养。饥饿的大脑无法产生思想。

有益的休闲消遣活动可以恢复你的精神、增加身体的活力、让脑细胞重新活跃起来，它们如同血液中的红细胞。

表面上，人们取得的各种成就似乎都是在工作时间创造出来的，实际上，很多成功都是由休息时间决定的。是的，就是那些远离办公室的时间，我们成为自己真正的主人，是充分利用这段时间还是白白浪费，都由自己的意愿决定。

有益的休闲消遣，如同正确的教育方式，对成功的影响巨大。

而且，休息方式不恰当的人，往往缺乏适当的教育。

书籍、散步、音乐、戏剧、运动、驾驶、园艺、交友、聊天……充分恰当地利用这些休闲方式，可以得到充分有益的休息。

休闲消遣并不代表、也不该等同于懒惰无为。

休闲消遣应该意味着重新获得力量、全新的精神面貌、对人生更全面的把握、吸收新的知识、用快乐之泉浇灌人的心灵。

休闲消遣是人生这条路上休息的小站，而不是生命的终点。

休闲消遣是人生这场盛宴的调味品，有了它生命才有味道。

2. 怎样明智地利用休闲活动

　　如果你打算尽最大所能完成大量的工作，就必须保持精神、神经和体能的平衡，帮助我们取得这种平衡的过程就是休息，什么样的休息方式更为适当也因人而异。

　　对于我们每个人来讲，应该采取什么样的休息方式呢？

　　必须对此做出合理的计划和打算，千万不能草率。据说，学校里的小孩子们中间，经常出现营养不良的现象，而贫困家庭的孩子只占营养不良总人数的 5%，富裕家庭的小孩是营养不良的主要人群——他们没有养成合理摄取各种营养的习惯。在精神的"食物"和"营养"方面，这个道理仍旧适用。即使一个人身体健康，也有可能患上精神的营养不良症——因为他没有明智地利用休息时间，进行有益的消遣活动。下面让我们来看看你的情况如何。

　　你是否经常锻炼身体、呼吸新鲜空气？

　　神经细胞的形成可能只需少量的训练即可，但大块肌肉的发展需要大量的锻炼。你可能知道自己是否已经得到了足够的锻炼——如果锻炼不够的话，就应该予以补偿——比如搬到郊区，这样每天就必须步行一个小时才能赶上火车，即使寒冬时节也不例外；加入高尔夫俱乐部或者基督教青年会，这样可以每天午饭前去健身房锻炼一次。如果你的时间太少，无法做到这些，那么只剩一种办法：花钱参加昂贵的体育训练班。他们会教你依次锻炼每一部分的肌肉，全身活动 20 分钟后，进行土耳其浴、按摩和冷水浴，然后在沙发上休息 20 分钟。

每周像这样锻炼上 3 个小时，可能就会使你保持健康。

但是，你究竟需要些什么？

请写下你的真实想法和需要，然后研究一下该怎么办。

计划制定之后，你是否会马上行动？

还有，你是否冬天也会睡在户外的门廊上？你是否在一个窗子常年打开的办公室里工作，随时都能得到新鲜空气？

你是否每天早晨都做深呼吸练习？

每个人都需要新鲜空气，无论健康还是病弱。

你通过什么方法放松自己的神经？

是不是因为你的工作是体力劳动，所以需要精神上的放松？

或者，你从事的是脑力劳动，因此需要通过体育运动和社交进行放松？

你是否得到了足够的社交放松？或者已经社交过度了？太多和太少都不好。如果你需要社交放松，又找不到志趣相投的朋友，你该怎么做？

去剧院，去教堂，加入某个俱乐部。我们可以加入一些崇尚积极进步的俱乐部，可以为他人服务，通过这种方式你肯定能得到自己需要的社交放松，你将惊异于自己是这么喜欢为他人服务。

如果需要精神放松，可以加入学习俱乐部或者各种学习班，也可以参加函授课程。

如果你的社交活动太过频繁，请每周抽出三个晚上的时间与外界隔绝，然后读一本好书。

或者，教孩子学习，与他们游戏。也可以每周拿出两到三个晚上的时间与自己的兄弟或姐妹在一起。

不妨把每种建议写下来，然后根据自己的实际情况进行可行性分析，把结果写在每一条建议的旁边。

人生是复杂的，有时，如果没有各种情况作为参照，你无法准确知道自己的真实处境、真正需要什么，经过分析之后，列出各项的要点，才能进行逐一的解决。

"享受"这个词的原意并不是去寻找"乐子"，而是代表着更高级的趣味。通过从事精神和身体的锻炼活动，我们可以找到那些"营养过剩"和"营养不足"的部分，从而给欠缺不足之处补充"营养"。

在做这些事情的时候，你会享受到从未有过的快乐——有人认为这是一种休息，也有人认为这是一种工作，不管他们怎么说，这才是一种真正的享受。有人喜欢做些体力活，还有人喜欢研究赫伯特·斯宾塞的《第一原理》，这对他们来讲都是最大的放松。

大多数人也同样会在戏院、教堂、俱乐部、运动场里面找到属于
自己的享受。

那么，你的个人计划是什么呢?

请写下来。

休闲消遣的目的不仅是娱乐，也不是浪费时间，而是保持我们的健康，帮助我们恢复精力，提高工作效率。

Chapter 29
让个性散发出迷人的魅力

个性 = 坚持 + 热情 + 可敬 + 有条不紊 + 独创 + 本色 + 机敏 + 忠诚 + 富于想象 + 诚实 + 朝气。

1. 个性就像花朵的芳香

个性，使一个人成为他（或她）自己，是一个人的总和。

个性是一种独有的性格。

很多人性格很好，但是缺乏个性。

个性指代的东西远超忠诚、真挚、勤奋或者类似的品格。个性是所有这些品格之和，再加上别的东西。

个性包括一切令人愉快的、吸引人的品质，如谦和亲切、诚实热心、热情洋溢、个人魅力等。

个性并不是成为天文学家、哲学家、科学家、考古学家所必需的品质，因为这些工作无须整日和别人打交道。

如今，假设一个人想成为银行家、公司经理、商人、铁路主管或者生产商，他必须拥有合适的个性，因为没有个性的魅力，他无法吸引足够数量的朋友，无法使生意有更大的发展，无法激发自己和别人的自信，无法得到员工的忠诚。

现在银行家和公司主管们在用人方面，比以往更加重视候选人的个性。

所有的生意，其实就是一种取悦他人的艺术，只有那些个性合适的男人或女人，才善于取悦他人。

过去，商界没有对取悦大众这个关键问题予以足够的重视；

现今，没有能力取悦大众的人坐不上商界的高位。

西奥多·P. 尚特虽然是一位合格的铁路经营者，但是由于个性的欠缺，使得他不适合担任纽约机车牵引系统的管理者，在取悦大众方面栽了跟头，说明他不具有合适的个性。

罗斯柴尔德家族在美国的金融领域曾经是一个呼风唤雨的大集团，但是来自这个家族的最年轻一代的美国代理人——奥古斯特·波尔蒙特（August Belmont），却使罗斯柴尔德公司在美国的地位和影响日渐式微，几乎难以为继。他是另一个缺乏合适个性的典型。

与之相反，查尔斯·M. 施瓦布则是通过合适的个性取得辉煌成功的著名人物，甚至连他最大的竞争对手都喜欢他，他的雇员们愿意为他赴汤蹈火。施瓦布有用不完的精力、卓越的才能和极大的个人魅力，没有人能不被他的微笑所吸引。他对个性的定义也很精准幽默："那是种难以定义的魅力，拥有它的人就像花儿拥有了芳香。"

笔者曾问大通国民银行的董事长阿尔伯特·亨利·维金（Albert Henry Wiggin），36 岁的尤金·V. R. 思尔（Eugene V. R. Thayer）究竟有什么样的品质，使得他将其从波士顿请过来担任这家银行的总裁？

维金先生立刻回答："他的个性和成就。"显然，个性放在成就的前面。

J. P. 摩根曾经为亨利·P. 戴维森的人格魅力所折服，后者当时是一家银行的副总裁。后来，戴维森先生成为摩根银行最大的合伙人之一。

当莎拉·伯恩哈特（Sarah Bernhardt）还是一位面黄肌瘦、毫无魅力、默默无闻的年轻女人的时候，初次登台的她曾经遭人嘲笑。但是后来是什么让她成为世界上最伟大的女演员呢？个性——她的灵感、热忱、同情、勇气、对人性深刻的洞察、传达与演绎人类情绪的高超技巧，还有永不放弃的精神。

又是什么让美国前总统塔夫脱成为全美最受欢迎的人呢？他那平易近人、友善温和的个性。

英国首相劳合·乔治（Lloyd George）拥有引人注目的强烈个性。

当年英国贵族们对这位平民出身的贫穷律师曾经心怀不满；但是他的心地正直、诚恳真挚，总是为他人着想，先是受到穷人的爱戴，后来终于为大多数人所敬重，成为全欧洲政治地位最高的人。

是什么力量让约瑟夫·霞飞（Joseph Joffre）在访问美国时让美国人为之疯狂？当然是他的个性。

当年轻的约翰·D.洛克菲勒决定前往科罗拉多时，他的朋友规劝他不要去，因为那时正是工人大罢工和混乱的高潮时期，朋友认为他有被谋杀的可能。是什么使那些最粗鲁的矿工和他们脾气暴烈的妻子们也最终对洛克菲勒表示折服？他的金钱？不是，在某些人看来拥有那么多的金钱是一种严重的罪过。答案是，这位年轻人冷静真诚、同情他人、民主平等的个性。在他所到之处，人们放下了敌意。他就睡在一位矿工家里，根本不需要什么保镖来保护其安全。假如洛克菲勒先生是一个令人讨厌、傲慢自大的人，又怎么会有这般结果呢？

个性是我们具体形象的化身。

要获得谦和亲切的个性，就必须培养谦和亲切的品质。

要让个性散发出某种魅力，必须培养相应的品质。

每个人都有特定的气质，我们和别人相遇的时候，这种气质就给对方留下了独有的印象。

气质并非别物，就是我们的个性以及个性与别人互动产生的效果。

为什么那些大企业的主管们，决不会不经亲自面试就让某人担任要职？他们希望观察和了解候选人的个性。照片可以告诉我们一个人的外表，但从外貌上无法掌握这个人的个性。

个性包括许多抽象的品质，这些无形的东西不是用一部相机就能捕捉到的。

你可能已经听过多次这样的评价："某某先生很有能力，但不幸的是他的个性太差。"

个性绝不是表面的东西，它深深扎根在人的灵魂深处。

当我们认为一位女性"有魅力"的时候，说明她具有令人愉快的可爱个性。

阳刚之气的"魅力"，可以称作"个性"。

J. M. 巴里（J. M. Barrie）是一位生性愉快、才能出众的剧作家，他曾经说："每位女性都知道，如果拥有了魅力，她就不再需要别的。"

如果一位男士拥有像 24K 黄金那样闪耀的个性，他也不需要别的了——这样的个性足以使他成为一个完美的人。我们绝对不会背叛自己的个性，天生拥有的好个性决定了一个人不可能变得太差。

我们可能拥有杰出的才能、无私的天性，但是却没有培养出能够激发别人的喜爱、仰慕和尊敬的个性。

个性或许可以定义为"一种存在于正确包装里面的正确性格。"

无论是在车间、办公室还是银行，这个世界不缺乏受过教育的人：具备特定技术的人、拥有全方位才能的人。

世界上缺少的是既拥有这些技术和才能，又具备出色个性的人。

无论车间、办公室还是银行，全世界都在寻找这样的人。

所以，付出最大努力、争取成为这样的人，非常值得一试。

笔者的一位朋友，也是我的读者（威廉·H. 兰肯）曾经设计了这样一把"成功的钥匙"寄给我，你会发现这些单词前面的大写字母组成了"Personality"（个性）这个英文单词。

Be（做到）

Persistent（坚持）

Enthusiastic（热情）

Respectful（可敬）

Systematic（有条不紊）

Original（独创）

Natural（本色）

Alert（机敏）

Loyal（忠诚）

Imaginative（富于想象）

Truthful（诚实）

Youthful（朝气）

如果你建立了强大的个性，就有能力获得巨大的成功。

2. 怎样发展个性的力量

个性是勇气、乐观、礼貌等等优秀品质的混合体，但是在商业世界中，个性的所指有所不同，它意味着一种最抽象的个人品质，因此也无法彻底说清，但是我们可以找出许多发展个性力量的方法。

一个年轻人从学校毕业之后，曾经在一家批发纺织品的商店里工作多年，一直领取不到 10 美元的周薪（多年以前，工资水平远远低于现在的标准）。他就是弄不明白，为什么自己和朋友都无法更进一步。

因此，当生意上的一个机会降临的时候，他便有所行动了。他听说有一家生产商准备从事家居用品的销售，所以就抓住机会从那得到了一份周薪 10 美元的工作。原来那家商店的经理，他的旧上司，把年轻人叫到办公室向他表示祝贺，然后给他一些非常好的建议。这位经理说："现在你得到了一份全新的工作，就不要忘记利用这个机会，规划一个好的开始，这对你非常重要。我建议你到裁缝那里定做一套价值 80 美元的套装、一件 80 美元的大衣，以及其他相配的衣服，总共花费 200 美元左右就可以了。我知道你没有那么多钱，所以请把我的名片交给裁缝，他就会信任并帮助你。"这位年轻人明智地接受了这个诚恳的建议。

他在新工作的一开始就取得了一次漂亮的成功，经过多年的努力，他已经成为那家商号在整个新英格兰地区的王牌推销员。当年那身优雅得体的衣服使他感到充满了自信，因为要还掉购置衣服的债务，他更是体会到需要马上取得成功的紧迫感。过去他缺乏适当的个性，或者可以说是一些特定的个性因素，正是那套衣服给了他这些从未有过的东西。

请逐条写下与你个性有关的要点，下面是一些建议性的问题供你参考，更重要的是，需要你自己去设想更多的问题，并找出答案。

你是否清楚地感到，人们与你初次会面时就会喜欢你？或者，也能清楚地感到他们不喜欢你？他们的态度是否冷漠？为什么？

高级的服装能否给你带来自信？如果答案是肯定的，那它们一定会改善你的个性。

你是否有一些粗俗的习惯，使得人们对你敬而远之？这于你而言可能非常难以觉察，所以，请询问那些与你要好的朋友或者家人，让他们帮你指出这些缺点。采纳别人意见的同时，也要注意自我观察。

把这些不好的习惯列出来——比如吃东西时不文雅的表现、说话声音太大、缺乏传统的礼貌、缺乏对上司的尊重等。

你的外表看上去是否令人憎恶？你的口气是否难闻？你是否可以通过对健康的增进以及对外表的修饰来改善自己的个性？

个性 = 坚持 + 热情 + 可敬 + 有条不紊 + 独创 + 本色 + 机敏 + 忠诚 + 富于想象 + 诚实 + 朝气。

Chapter 30
打好坚实的基础

　　若想建立强健而有价值的人生，必须打好基础。我们今天所做的全部，就是在为明天的成功打基础。

1. 打好基础的时刻，就是现在

若想建立强健而有价值的人生，必须打好基础。

庞大、高耸、令人敬畏的大厦决不会矗立在有缺陷的地基上。

当然，简陋的棚屋除外。

然而，又有谁甘心让自己的人生定格为一座微小、可悲、摇晃颤抖的破棚屋？而且，只要进行正确的思考和行动，他可以建起更有价值的纪念碑。

打好基础的时刻，正是现在。

一切成功皆有根基——正如失败也有根基，只是性质不同而已。

有时，建立基础的过程要持续 5 年、15 年，甚至 50 年才会见到成效，才能换来最终的奖赏。

而最有价值的奖赏，一种无形的精神力量，是在辛苦构建地基的过程中随时可以获得的。

90% 的成就感和乐趣，都存在于努力建筑的过程，而最后的成功，只能给你带来 10% 的乐趣。

从各行各业最成功人士的经验中，你会发现，他们的基础都是历经数年默默无闻的努力，日复一日地付出辛劳和汗水建设而成的，没有人为他们喝彩、没有鼓励、没有世界的认可。

　　威尔逊总统在一举成为改变历史的重要人物之前，为了有所进取熬过了多少不眠之夜？他在担任第一个公职之时已是 55 岁。

　　爱迪生从学会读书写字时起就开始了他的电学实验：因为"精神缺陷"被学校开除；做报童的时候在火车上建立了一个简陋的实验室；一面给当地火车小站的站长打杂，一面夜以继日地做实验；多次被赶出电报公司，因为他不满足于每日敲击机器传递信息的枯燥工作，仍然坚持测试他的发明。刚到纽约时身无分文——只有一脑袋的知识，当然也是他将来成功的基础，他将自己数千项发明中的每一项比作一块构成经验大厦的基石。他说："失败的实验也是有价值的，因为它可以告诉你这是一个行不通的方案，所以你必须尝试另一个方案。"

　　是的，爱迪生多年的默默努力，为成功奠定了极为坚实的基础。

　　勃朗宁手枪的发明者亦是如此。尽管经历过一次世界大战的检验，才能赢得同胞对其发明工作的尊敬的约翰·M.勃朗宁（John M.Browning）；尽管他的头发已经灰白，但自从他在年轻时代与印第安人作战，就没有停止过对制作和改善各种枪械的研究。

　　以纽约时报这家美国最著名、最成功的日报社为例：它能经历度过破产危机，从一家普通报社发展为全美的报业巨头，完全是因为其负责人阿道夫·S.奥克斯（Adolph S. Ochs）为它建立了健康、完善、强大、有序的基础，这座基础完全能够承载时间的考验和成功的压力。

　　科里曼·杜邦（Coleman du Pont）是纽约最高的摩天大楼——公正大楼的主要拥有者、恒生保险公司的前任管理者、多家巨型企业的创办者、前火药巨头、全美最积极进取的筑路者、华道夫—阿斯多里亚酒店和其他多家大型酒店的拥有者，这个精力充沛的家伙的事业基础是南方的煤矿。他从赶驴车开始，晋升到经理职位，然后一路扶摇直上，就像他说的那样："我总想解决新问题——总是喜欢尝试新东西，哪怕只是建筑一个狗窝。"

　　现代美国家喻户晓的其他商务人士又是怎样做的呢？ E. H.加里，这位全球人数最多的工人大军的总司令出生于农场家庭，在父母严厉的教导下，很早就学会了许多东西。勤奋为他打下了良好的事业之基，在农场努力工作多年后，他进入一家律师事务所，然后在芝加哥法律学院学习，被校方选为最适合于法庭工作的毕业生之一。由于显示了对法律文书和资料的非凡理解和记忆力（通过极为艰苦的学习），受到众人的瞩目与认可，二十几岁就正式从事法律工作，成为他的家乡——伊利诺伊州 Wheaton 镇的最杰出市民，并且在该镇升级为城市后，当选为第一任市长。三十几岁就成为法官，由于他一直孜孜不倦地研究各种商业法律和案例，成果卓著，所以在美国钢铁行业的崛起阶段，被 J. P.摩根宣布为最适合担任拥有上亿美元资产的美国钢铁公司总裁的人——摩根的判断极为准确。加里不负众望，夜以继日地为这个庞大的企业奠定起最为稳固牢靠的基础。

　　还有许多有关成功人士勤勤恳恳奠定事业之基的故事。比如阿尔伯特·亨利·维金的崛起；苏厄德·普罗瑟（Seward

Prosser），美国信孚银行总裁；厄尔· D. 巴伯斯特（Earle D.
Babst），美国糖业公司总裁；欧文· T. 布什；哈维· D. 吉布
森（Harvey D. Gibson），自由国民银行总裁；查尔斯· E. 米
切尔（Charles E. Mitchell），国民城市集团总裁；萨缪尔·麦
克罗伯茨，银行家，后来的华盛顿军械部门负责人；亨利· L. 多
尔蒂，公用事业组织的创建人和发展者；E. M. 斯塔德勒（E. M.
Statler），以斯塔德勒酒店闻名；克莱伦斯· M. 伍利（Clarence
M. Wooley），美国散热器公司总裁……还有许多成功人士，以
他们的成就而言，应该得到更高的知名度。

一条新建的道路，可能看上去平坦、坚固、漂亮，但是假如
它的基础打得不好，经过交通高峰阶段之后，就会很快分崩离析。

最重要的部分往往存在于事物的内部，而不是表面。内部的
东西我们是无法看到的。

当最后测验的那一刻来临，测验的成绩通常取决于平时的积
累和日常的准备，取决于受测者的个性和能力。

准备测试的时间并不是测试前一天或者前一小时，而是测试
之前的十数年甚至数十年就开始为这一战做准备了。

狂怒的暴风雨将船只的命运玩弄于风口浪尖之上，巨人般的
波浪把船上的水手抛向天空。这时，大家可能更加寄希望于当时
的造船工能够把船造得结结实实，船体没有各种腐烂的洞眼，或
者隐藏的裂缝，更加寄希望于那些明显的桅杆和船柱，在钢厂锤
炼之时，不要留下任何瑕疵或者缺陷，更加寄希望于关键部位的
铆钉和螺丝，不要突然间松动，而不是把太多希望寄托在船长的

航海技术上面。因为船只以及船员的生死存亡，早就掌握在某个造船人的手上了。

狂风暴雨最能检验船只的基础，对准它的弱点无情攻击，造船工的技艺高低一览无遗。

德国试图统治全世界而发动战争，但是她完全站立在错误的基础上——她想建立一个残暴、独裁、专制、野蛮、血腥、兽性的政体：基于强权而非公理；提倡奴役而非服务；依靠暴力而非自由；追求征服而非和平。正义必定战胜邪恶，这样恶毒的阴谋注定破产。

美国则建国于完全不同的基础之上，她的立国原则也与前者截然不同。

一个代表全人类利益的和正义国家，必须建立在维护持久的世界和平的基础之上，这一基础就像深厚坚固的岩床，永远作为人类各项原则和利益的立身之基。

"事情只有做对才算做成功。"德国喜欢用"我们的强大的剑"来做成事情，就像他们的过去的皇帝经常宣称的那样。德国的剑攻击的目标是仁慈宽容、是人道主义、是公平正义；而美国及其同盟国的剑，就是为了消灭残酷、暴虐、专制而准备的。我们的崇高目标过去是、现在也是"为了世界的和平与民主而战"，这意味着你和我，以及其他所有的人都将自由地生活，奉行谦逊、公平、正直的行为准则。

真理永远与每个国家、每个人同在。

个人的生活和事业，应该建立在诚实、勤勉、牺牲、真理、礼貌、自律、机敏、热情、忠诚地待人待己、节俭、真挚、坚定，尤其是常识的基础上。

我们今天所做的全部，就是为明天打着基础。

我们做的事情有好有坏、有坚固有疏漏、有持久有脆弱，它们都将构成未来的根基。

每个行动都将经受未来的检验。

一只蛀虫看上去是极为微不足道的生物，但是经过日积月累、岁月沉淀，哪怕仅有一只这样的小害虫，也会使最坚固的航船倾覆。

我们的每个想法和行动，看起来也同样的微不足道，但无数的想法和行动积累起来，可以构筑高耸矗立的人生大厦。

当下的时刻，我们又在做着什么，为明日建立着怎样的基础呢？

未来的我们，会不会承担今日作为的后果，变得更加坚强？或者更为软弱？

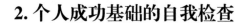

2. 个人成功基础的自我检查

　　各位读者，我们现在来到了个人效能课程的尾声部分——对个人成功基础的每个组成部分进行检查。让我们回到第一课，逐步检视每个系列的要点。

　　一个人无论年轻还是年老，他的个人根基是很早就开始奠定了的，各种性格和习惯就好像不同的石头，按照一定的分类和次序堆砌在适当的位置，但是并不说明这些石头不能被更好的石头所取代。你应该想象得出把一块砌进石墙中的石头拿出来是多么艰难：这是一个漫长、困难而辛苦的过程。首先要找东西把石墙暂时支撑起来，慢慢松动那些已经变硬的砂浆（固定各种习惯的"砂浆"），当该做的都做完之后，你还要必须保证放进去的那块新石头起到的作用能够完全胜过旧石头的工作，而且不能脱离它四周的石头的支持。

　　人无完人。改掉所有缺点的想法既不现实，也不值得去做。就像石墙一样，砌得比较好的部分，只需用石灰泥浆抹平表面，打扮装点一番即可；而少数已经松散摇晃的墙体，则需要完全清除掉，因为它们已是满身的破洞和致命的结构缺陷。

　　首先，请认真思考一下，你生命中哪一部分的"石墙"上面存在破碎的"石块"和致命的缺陷，会导致你无法成功？把它们写下来，用重重的叉形符号标出。

你制订了什么样的计划修补这些"墙体"？把具体细节用简洁但真诚、符合常识的句子标注在各项要点的旁边，然后，认真执行这些计划，把你身上不好的性格和习惯——那些腐烂的基石——完全清除出去。

接着，把你认为尚待改进的部分写到清单中，标上单独的记号。

你受过的教育是否存在不足之处？活到老、学到老——请系统地或者细节性地修复那些曾被忽视的教育缺陷。

你是否记忆力不佳？不用担心自己的年龄，通过科学的训练，一定能获得良好的记忆力。

你的举止习惯是否粗鲁无礼？它们可以被打碎或者软化，变成全新的、令人愉快和振奋的好习惯。

你在从事商业活动时是否太过独立而导致一意孤行？放心，即使到了 50 岁，你照样可以从头开始学习怎样融入团队、与他人合作。

你的判断力比较糟糕？请马上养成经常征求那些判断力比你强的人的意见习惯。

交友失败？一个人在任何年龄段，只要他勇敢寻求，就一定能找到真正的朋友。首先从那些比你贫弱、你又可以帮到他们的人开始，真心地付出你的帮助，赢得别人的友情，他们的力量逐渐强大之后也会帮助你。

你是否一直过度工作？身体和精神得不到休养？请慎重地选

择各种休闲娱乐活动，因为有益的消遣既是走向成功的润滑剂，也是生活价值的体现。想必你已经列出活动清单了，那就好好研究一下吧。

"艺海无涯，光阴易逝。"——你不可能什么事都做，也不应该因此沮丧。你必须选择一件首先去做的事情，确保它在你的全面掌握之中。然后再完成下一件事。如果生命短暂，而你的兴趣太多，无法完成所有想做之事，那么请从常识的角度，选出那些最具备重要性、可操作性和实践性的事情首先去做，把不太重要的留在后面。

现在，我的朋友，我要说的已经说完了。愿上帝保佑你，帮助你！

不要伤感，不要沉溺于沮丧懊悔之中。振奋起来，投入工作吧！

若想建立强健而有价值的人生，必须打好基础。我们今天所做的全部，就是在为明天的成功打基础。

我是个没伞的孩子，我要努力奔跑。